U0180632

书山有路勤为径，优质资源伴你行

注册世纪波学院会员，享精品图书增值服务

产品设计与开发

解决复杂问题的实用指南

丛卫东 著

PRODUCT DESIGN AND DEVELOPMENT

A PRACTICAL GUIDE TO SOLVING COMPLEX PROBLEMS

电子工业出版社

Publishing House of Electronics Industry

北京 · BEIJING

图书在版编目（CIP）数据

产品设计与开发：解决复杂问题的实用指南 / 丛卫东著. —北京：电子工业出版社，2024.1

ISBN 978-7-121-46463-8

Ⅰ.①产⋯ Ⅱ.①丛⋯ Ⅲ.①产品设计—指南②产品开发—指南 Ⅳ.①TB472-62 ②F273.2-62

中国国家版本馆CIP数据核字（2023）第188218号

责任编辑：袁桂春
印　　刷：大厂回族自治县聚鑫印刷有限责任公司
装　　订：大厂回族自治县聚鑫印刷有限责任公司
出版发行：电子工业出版社
　　　　　北京市海淀区万寿路173信箱　　邮编100036
开　　本：720×1000　1/16　　印张：18.25　字数：307千字
版　　次：2024年1月第1版
印　　次：2024年1月第1次印刷
定　　价：88.00元

凡所购买电子工业出版社图书有缺损问题，请向购买书店调换。若书店售缺，请与本社发行部联系，联系及邮购电话：（010）88254888，88258888。

质量投诉请发邮件至zlts@phei.com.cn，盗版侵权举报请发邮件至dbqq@phei.com.cn。

本书咨询联系方式：（010）88254199，sjb@phei.com.cn。

前　言

随着生活水平的不断提高和科学技术的不断进步，人们对各种产品的功能和性能要求越来越高。例如，越来越多的产品需要具备数字化、网络化、智能化等特性，这些特性通常需要更先进的软件与硬件技术相结合才能实现，这就对产品的设计与开发过程提出了更高的要求。同时，激烈的行业竞争使产品设计与开发迭代周期越来越短，同样为产品设计与开发带来了新的挑战。随着同质化竞争越来越激烈，低端产品的利润空间越来越小，能否设计出可满足更高要求的创新型或革命性产品是企业获得更强市场竞争力及长远发展的关键。

开发创新型复杂产品，通常意味着投入高额资金、承受高风险、需要交叉融合更多专业学科，以及使用先进的技术和方法等。这为产品设计与开发过程带来了巨大的挑战。产品设计与开发团队成员不仅需要持续积累专业知识、提升技术能力，还要不断学习，采用先进的设计方法和开发流程，才能更好地完成项目任务，达成项目目标。

在传统的产品设计与开发团队中，成员之间无须特别深入地了解与沟通，各角色只要依据既有流程和计划，把各自的事情干好，就能交付满足需求的产品。如今，面对日益激烈的市场竞争，需要不断推出创新产品，以及不断加快推出新品的节奏，而团队成员之间的专业领域壁垒很容易引起设计过程中不同领域相互关联部分的信息割裂，此类信息割裂如果被忽略，很可能为创新型或快速迭代类产品的开发过程带来巨大的不确定性风险。越到产品设计与开发过程后期发现的问题，越会带来更高的修正成本和更长的周期。类似地，如果产品设计与开发团队和产品工程制造团队、现场服务团队、后期运维团队等信息沟通不够充分，那么相应的量产环节、现场服务环节、后期运维环节等同样有较大的风险。那么，该如何处理上述这些典型的现实困境呢？这正是本书要讨论的内容。

本书的目的是通过介绍产品设计与开发过程中的系统工程方法、各过程域的执行流程、各过程域角色间的有效配合、产品问题的解决思路、关注产品化而非样机化的设计目标等，让产品设计与开发团队成员不断扩展知识边界，了解产品开发的主要过程域及各过程域执行相关活动的目的，加深对系统思考开发方法的理解，减少信息割裂，从而更好地服务于产品设计与开发过程。既使相关产品人员掌握一套新的方法和手段，消除传统设计与开发过程中各角色的专业局限和配合过程中的"孤岛"现象，也避免增加不必要的人力和物力成本。

本书内容基于笔者曾经主导与参与过的各类面向全球客户的批量生产型产品设计与开发经验，并融合了《项目管理知识体系指南》（《PMBOK®指南》）和系统设计与开发的典型方法，对产品设计与开发的管理过程、开发过程、沟通方法和实践经验等进行了归纳与总结。穿插在各章节中的案例分析，向读者展示了一些产品设计与开发过程中典型实际问题的解决过程、方法和思考等。通过本书，读者不仅能够了解产品设计与开发过程的全貌，还能了解有关典型问题的处理方法，在类似的实际产品开发过程中甚至可以直接参考应用书中提到的相关方法，从而更加高效地解决有关问题。

本书由三部分构成。

第1部分为概述，介绍在从需求到产品交付这一过程中面临的各种挑战，谁来应对这些挑战，以及应该如何应对这些挑战。

第2部分为产品创新设计，介绍产品需求及设计目标的制定、创新产品概念的产生过程、系统设计使用的方法、系统方案的评估方法、可行性分析的过程、创新设计方案制订所涉及的决策过程等内容。

第3部分为产品开发实践，包括产品开发阶段协调、功能模块开发过程、产品测试验证过程及生产交付和运维的开发过程等内容。该部分列举了大量的案例，帮助读者更好地理解和运用。

本书通过上述三部分的内容，让读者较系统地了解与掌握产品设计与开发过程中可能遇到的问题及其解决办法；打破传统的职能边界，有效培养读者的全局观，提升解决产品设计与开发过程中各种问题的能力，最终提高产品创新设计与开发的效率,增强产品市场竞争力,为个人和企业创造价值。

本书的目标读者包括以下三类。

第一,职场老手。从事开发或管理软硬件相结合类型产品的系统工程师、项目经理、产品经理、产品开发工程师,以及对产品创新设计、开发与问题解决方法感兴趣的读者,可以通过本书获得新的视角和方法,以便更好地应对产品创新设计与开发实践过程中的挑战。

第二,职场新人。刚踏入软硬件相结合类型产品的开发或管理领域的新人,可以通过本书了解整个产品设计与开发过程。本书对产品设计与开发过程中用到的管理方法、系统工程方法、各过程域各角色的介绍及典型案例的剖析,可使新人较快地了解产品设计与开发的全貌,帮助新人在短时间内融入产品设计与开发团队。此外,产品设计与开发理论方法与实践相结合,促进新人在职场中快速成长,提升新人在职场中的竞争力。

第三,相关专业的学生。本书也适合作为高等院校相关专业的教材,使学生能够尽早了解实际产品设计与开发过程,拉近学科理论与工程实践之间的距离。

目 录

第1部分　概述

第1章　产品交付面临的挑战　003

1.1　快速变化的世界　004

1.2　日益复杂的设计　006

1.3　产品价值的体现　007

本章小结　009

第2章　谁来应对挑战　010

2.1　设计与开发团队的构成　010

2.2　设计与开发团队的组织结构　012

本章小结　014

第3章　如何应对挑战　015

3.1　采用系统方法解决问题　015

3.2　用系统工程指导产品设计与开发　024

3.3　高效交付产品的流程　039

本章小结　045

第2部分　产品创新设计

第4章　确认需求和设计目标　049

4.1　需求与创新　049

4.2 识别有价值的需求 053

4.3 确认设计目标 062

本章小结 069

第5章 产品概念设计和系统设计 070

5.1 产品概念设计 070

5.2 产品系统设计 079

5.3 模块化和集成化设计 093

5.4 复杂系统架构设计 099

本章小结 104

第6章 可行性分析 105

6.1 可行性分析的内容 105

6.2 建模和仿真的应用 111

6.3 风险管理 118

本章小结 125

第7章 制订设计方案和计划 126

7.1 产品设计理念 126

7.2 制订设计方案 139

7.3 选择设计方案 141

7.4 制订设计计划 146

本章小结 148

第3部分 产品开发实践

第8章 产品开发阶段协调 152

8.1 产品开发前期准备 152

8.2 开发流程的适应性 153

8.3 开发需求变更管理 159

本章小结 160

第9章　功能模块开发　　161

9.1　系统功能模块划分　　161

9.2　模块开发的通用技术　　167

9.3　功能模块开发流程　　181

9.4　模块间同步开发管理　　210

本章小结　　216

第10章　产品测试　　217

10.1　产品测试的目的和流程　　217

10.2　产品测试问题　　220

10.3　单元模块测试　　222

10.4　系统设计验证　　226

10.5　系统整合确认　　230

10.6　批量生产测试　　237

10.7　客户环境测试　　238

10.8　复杂问题处理案例　　239

本章小结　　255

第11章　生产交付和运维　　256

11.1　工厂生产准备　　256

11.2　小批量试产　　265

11.3　大批量生产　　268

11.4　交付和运维　　271

本章小结　　275

参考文献　　276

附录A　缩略词　　279

附录B　致谢　　281

第1部分

概述

产品设计与开发是指从收集客户需求开始到产品大批量生产并最终实现价值交付的整个过程。完成这个过程是否很容易呢？显然不是，因为任何一个项目都需要在有限的时间内、利用有限的资源交付满足各种功能需求且质量过关的产品。

与科学研究可能仅需设计少量工程样品来满足验证科学原理的需求这一目标不同，市场上大多数产品是以商业盈利为目标的，这类产品大多要满足一定的出货量级才能实现盈利，这就要求产品生产制造过程简单、能够大批量生产、产品成本低、质量满足设计要求、能够快速交付等。项目的发起者或管理者需要做的是，找对专业的人才，选择合适的组织类型，识别出有可能影响这些目标达成的各种挑战，并采用正确的产品设计与开发方法等，才能保质、保量、如时交付产品，进而实现价值收益。

概述部分主要分为以下三章。

- 第1章，产品交付面临的挑战。本章识别问题，找出影响产品交付的挑战。
- 第2章，谁来应对挑战。本章说明需要找到什么样的人才及构建一个什么样的组织，以应对已经识别的各种挑战。
- 第3章，如何应对挑战。本章说明仅识别了问题、选对了人才和组织类型是不够的，还要有先进的方法、工具及流程，把组织中的人才的能力充分发挥出来，战胜产品设计与开发过程中的各种困难与挑战，最终实现产品交付。

第1章
产品交付面临的挑战

事物的发展总是由简单到复杂、由低级到高级的。生物界的发展如此，人们认识事物的规律如此，产品设计与开发领域也如此。人们最开始发明的产品往往是简单的、功能有限的、使用持久的、变化有限的，却是价值巨大的。随着对事物的认识不断深入，人们不断开发出更强大的工具，进而开发出体验更好的产品，极大丰富了人们的物质和精神生活。现在，人们发明的产品越来越复杂，功能越来越多样，更新换代越来越频繁，价值却开始趋向于多元化。

随着科学技术不断发展，产品设计与开发过程所需的专业知识的深度、复杂程度及更新速度，为产品交付带来了新的挑战。面对复杂事物，人们需要通过对问题进行抽象来认识事物的整体，在执行层面把复杂问题逐层分解为简单问题来解决，但是这还不够，因为事物并不是完全隔离的，而是存在千丝万缕的联系，稍有不慎就会引发系统性风险，如"蝴蝶效应"带来的巨大影响。所以需要站在系统的层面，找到事物之间的各种联系，首先发现问题，然后才能解决问题。

图1-1展示了当前产品交付面临的三种主要挑战。下面对这些挑战进行简要说明。

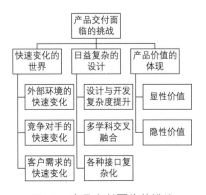

图1-1　产品交付面临的挑战

1.1 | 快速变化的世界

1.1.1 外部环境的快速变化

当今和平的社会环境下充斥着激烈的商业竞争，激烈竞争带来的挑战无处不在。最初，当蒸汽机车与马车赛跑落后而被广泛嘲笑的时候，谁能想到，没过多久，蒸汽机的普及应用引发了第一次工业革命，开创了以机器生产代替手工劳动的新时代，从此工业化彻底改变了整个人类社会的生活方式。

💡 示例

移动互联网的发展使一个新的理念可以迅速传播扩散，并且影响社会的各层面。知识的更新迭代在加快，各种新的名词层出不穷，使人应接不暇，不断细化的专业领域也使个人的精力仅能够集中在少部分非常狭窄的专业领域。相较之前的细嚼慢咽，人们似乎不愿意花费更多的时间在餐饮上，带动了快餐文化和速食主义的兴起，这种趋势也改变了餐饮业的格局和人们的日常生活习惯。飞机、高速铁路、城际地铁及共享单车等都在帮助人们不断缩短花费在交通上的时间，从而提高通行效率。

如今，人们的生活节奏还在不断加快，整个世界仿佛都被按下了加速键。对于企业，时间就是金钱，效率就是金钱。改变总是悄无声息却进展迅速的。

同样，产品的升级速度也在加快，还没有使用多久的产品就已经面临被淘汰的风险，人们甚至不再关注个别消费类产品拥有多久的使用寿命，而是关注产品的新潮与时尚性。如何迎合消费者的这种需求趋势就是产品开发者所要考虑的重要挑战之一。

1.1.2 竞争对手的快速变化

打败你的对手往往与你不在相同的赛道上，所以既要随时关注同一条赛道上的竞争对手，也要关注相关业界的发展趋势。例如，电动汽车的快速发展，成为传统燃油汽车行业最大的外部挑战，客户不再关注燃油汽车如何更省油、维护成本更低廉、发动机品质更好了。所以，对市场需求与变化做出快速响应和决策也是决定企业命运的关键。这需要企业及员工能够快速识别并积极应对市场的种种变化。例如，竞争对手产品迭代时间缩短，倒逼整个行业都缩短产品开发时间，从而实现产品快速上市。表1-1给出了竞争对手快速变化维度的一些示例。

表 1-1 竞争对手快速变化维度的示例

竞争对手快速变化维度	优 势	备 注
推出更具创新性的产品	产品特性优势	获得市场青睐
采用新方法或新工艺降低成本	产品成本优势	获得更多利润
更好的质量管理方法	提升产品质量，获得口碑	获得更多客户
全球化市场竞争	产品市场从"本村"扩展到"地球村"	获得更大市场
吸引来自全世界的人才	一流产品要靠一流开发人才	竞争的本质是人才竞争

企业需要从产品本身及企业自身管理层面不断进行创新、优化，实现更快的响应速度。例如，诺基亚公司没有像苹果公司那样在手机设计上进行快速创新并及时布局，导致将手机市场龙头的地位拱手相让。不要以为成为第一就可以高枕无忧，积极应对竞争对手的快速变化也是企业保持领先的关键因素之一。

1.1.3 客户需求的快速变化

客户需求变化的速度越来越快，导致产品生命周期缩短，推动产品迭代速度加快。客户可能随时打来电话说想要一个新产品，最好今天就能发货。在快速发展的技术面前，这可能不再是一句笑话，而逐渐成为企业必备的一项技能。例如，3D打印技术可以让设计者很快交付一个原型设计。

另外，客户不断追求差异化、定制化、个性化的产品。例如，以前大街上都是黑白两色的车辆，现在可以在大街上看到各种颜色的车辆。这些差异化的设计在更好地满足消费者不同需求的同时，也为企业带来了更多的收入。这个世界仿佛被一只只无形的手推动着加速前进，而跟不上外部变化的结果就是在激烈的竞争中处于劣势，对于企业意味着影响未来发展，对于个人则意味着职业竞争力低。

客户自身也同样要应对外界不断变化的需求，针对特定的场景满足他们的终端客户的需求。随着市场逐渐由卖方主导变为买方主导，能否及时满足消费者的需求同样决定着企业的命运。唯有能够及时识别并充分满足客户快速变化的需求，才能吸引客户并赢得市场。

1.2 | 日益复杂的设计

为满足客户对产品各种新功能的需要，进行差异化的设计，以及生产更先进的复杂产品，企业需要采用新技术，融合更多交叉专业领域的知识，管理各种繁复的技术与非技术的接口等。这使企业在产品开发周期、产品开发资源投入及市场竞争等方面遇到了巨大的挑战，要求开发者采用新的手段、技术或方法来实现产品的价值交付。

1.2.1 设计与开发复杂度提升

随着技术的发展及人们生活水平的提高，人们不再满足于产品的基本功能，还提出了增强功能需求。产品设计与开发也在满足基本功能的基础上不断发展，表现在诸如支持更复杂多样的新功能、采用精良的设计工艺、设计优雅的交互界面等，使产品的设计与开发过程越来越复杂，带来的研发投入及开发风险也越来越高。同时，复杂的产品需求也对产品开发、设计及制造生产等提出了更高的要求，带来了更大的挑战。

日益复杂的产品需求意味着可能需要新的学科领域知识、技术、部件、供应商，先进的工艺与设计手段，更多的开发人力和研发成本，更长的开发周期，而且更大的不确定性可能引起复杂的产品问题。这些因素都为产品设计与开发带来了更大的风险。为应对这些风险，企业需要采用新的设计方法、组织结构与开发手段，以保证产品设计与开发顺利进行。

从产品开发技术角度来说，复杂度体现在既要集成更多的功能，还要考虑各种条件的限制，从而打破已有的产品设计与开发的平衡点，寻找一个新的、更优的平衡点。

1.2.2 多学科交叉融合

复杂产品功能不再单一，产品设计与开发过程需要多学科交叉融合，跨领域集成逐渐成为设计的主流，所以无论是设计、生产还是制造都越来越有挑战性。

数字化、网络化及智能化成为产品发展趋势，物联网万物互联的理念逐渐使曾经独立操作或运行的产品融入人类生活的网络空间，从而更好地服务于人们的日常工作与生活。所有这一切都意味着创造未曾出现过的东西，需要更多的交叉学科与技术领域相互融合形成新的产品生态，也同样意味着对产品设计与开发的巨大挑战。

1.2.3　各种接口复杂化

产品支持更多的功能特性，意味着产品设计与开发过程可能需要支持更多的接口，包括以下技术与非技术的接口。

- 构成产品各种物理模块的接口。
- 产品设计与开发所需的各种技术接口。
- 内外部团队的沟通接口。
- 产品价值链上的各种内外部数据链接口。

保障每个接口都能够及时、全面并完整地对接、对齐是最重要的。这些接口的设计是否具备普遍性及复用性也是复杂产品设计与开发中的一个挑战。

1.3 ┃ 产品价值的体现

市场上存在琳琅满目的产品及服务，那么究竟如何才能够在客户面前充分体现出产品或服务的价值，从而让客户愿意为之买单呢？这个问题是所有出售产品或服务的企业需要持续探索的核心问题。这里仅从几个与产品相关的角度进行讨论。下面几种产品分别体现了显性和隐性的价值。

1.3.1　显性价值

1）技术领先的产品。包括功能领先、性能领先等。例如，荷兰的光刻机厂商阿斯麦尔（ASML）的订单是需要预约的，其生产的世界上精度最高、生产效率最高、应用最广泛的高端光刻机代表着当前业界相关技术的最高水平。

2）领先上市的产品。市场上的产品不是"同年同月同日生"，但差不多是"同年同月同日死"。产品能够尽早发布是其能够占有更多市场份额的一个关键因素。后上市的产品可能因为产品生命周期变短而仅产生有限的价值。

3）性价比高的产品。在能够满足客户对产品的性能要求的前提下，尽量降低价格，从而体现出产品价值。

4）质量好的产品。好的质量是产品价值的一种体现方式，是增强客户对产品的信赖程度及产品品牌忠诚度的关键。

5）服务好的产品。售前与售后服务好的产品更能被客户优先选择。前期与客户共同分析需求，让客户选择合适的产品；后期提供良好的服务支持，让客户更好地使用产品。

6）满足客户需求的产品。对客户来说，适合的才是最好的。抓住客户的真实需求，解决客户的痛点，是驱动客户最终买单的关键因素之一。

1.3.2　隐性价值

1）能够满足客户特殊需要的产品。这是一种隐性价值的体现，客户愿意为能够满足特殊需要的产品买单。例如，差异化的设计中，配置相同、颜色不同的汽车，可能工艺和成本都是相同的，但是如果创造出稀缺或限量的因素，那么给客户带来的隐性价值就凸显了。

2）具有专利技术的产品。专利壁垒既可以体现产品的差异化，又可以增加产品的市场竞争优势。

产品设计与开发，关键就是要体现产品的显性或隐性价值，满足客户需要。唯有抓住这个核心，才能够真正实现产品价值的交付。体现价值的前提是真正交付产品，没有产品，就无法为客户带来任何价值。因此，在产品设计与开发过程中，产品设计与开发团队要克服遇到的各种困难，保证产品能够体现价值，从而把价值交付给客户。

事实上，产品设计与开发过程面临的挑战可能来自各方面，而项目资源和时间等关键资源永远是有限的。所以，赢得各种挑战的前提就是能够在实际项目执行活动之前及过程中持续识别出各种挑战，并做好充分的准备。

本章小结

1. 快速变化的世界、日益复杂的设计及产品价值的体现已经成为产品交付面临的巨大挑战。

2. 日益复杂多变的产品需求使产品设计与开发面临巨大的投资与执行上的风险，迫切需要先进的管理与技术手段来应对这些挑战。

3. 在产品同质化严重的市场竞争中，找到能够体现产品价值的关键点，解决客户痛点，让客户眼前一亮，但这一切的前提是交付产品或服务。

4. 产品设计与开发面临来自各个方面的挑战，需要在项目开始之前及执行过程中持续识别，从而为后续的积极应对做好充分的准备。

第2章
谁来应对挑战

2.1 | 设计与开发团队的构成

挑战无处不在，在人类社会中，满足自身需求、应对各种挑战的只能是人类自己。要依靠发挥每个人的智慧、构建合理的组织结构来充分发挥集体的力量，实现"1+1>2"的效果，从而克服困难，获得胜利。

该由谁来设计与开发产品，应对挑战？想吃面包找面点师，想换发型找理发师，想要设计与开发产品自然就该找工程师。事实上是这样吗？仅仅找工程师吗？

很多人认为，设计与开发就是工程师的事情。在实际的项目执行过程中，不同功能模块的设计与开发的确需要由专业的工程师来完成，但是这个过程不仅需要专业领域的工程师，还需要客户、市场人员、项目经理、产品经理、架构设计师和系统工程师等相关干系人来负责解决产品设计与开发过程中的技术与非技术问题。可以说，与项目利益相关的组织和个人都不同程度地影响着产品设计与开发的过程和最终结果。

💡 **示例**

《西游记》中取经的团队难道只是唐僧四人组吗？虽然师徒四人都具备不同的能力，但是在遇到特殊问题的时候，还是需要邀请具有特殊技能的各路神仙来帮助解决问题。开发项目也是一样的，设计与开发人员绝不仅仅是"画板子"和"写代码"等人员，还包括在企业资源及能力范围内能够动用的所有内外部资源，以应对各种挑战，达成项目目标。

随着产品复杂度的提升，产品交付需要越来越多的交叉学科领域专家的合作才能够实现，这些专家不仅包括传统的工程师，还包括越来越多新学科的技术人才。多学科、多领域交叉获得的成果能够带给客户更好的产品体验，从而获得更大的市场份额。

在产品设计与开发过程中，因企业规模、产品类型及设计复杂度等不同，有些人可能在项目中承担多个不同的角色来执行不同的项目活动，也可能一个项目活动需要多位专家合作完成。对于复杂的软硬件相结合产品，至少需要以下几类人员合作，才能实现产品交付。

1）产品负责人。可以是项目经理或产品经理。他们负责收集、确认产品需求，协调解决各类资源问题，同时完成对内与对外接口的信息沟通，以便让工程师能够专注于技术开发领域。

2）技术负责人。一般由系统工程师或技术主管担任。他们在产品设计与开发的过程中是必不可少的，需要对整个系统开发过程中的相关技术问题进行协调处理与专业解决。

3）各专业领域的工程师。事实上，在产品设计与开发过程中，专业的工作也只有专业的工程师才能够完成。这里提到的工程师包括产品设计、开发、测试、生产等相关领域的专业人才。

4）其他内外部重要干系人。如项目发起者、重要客户、外包服务商等。

以上是参与产品设计与开发的主要人员。专业工程师可以站在专业的角度来处理产品设计与开发涉及的各种问题，而需求的定义实际上需要客户、市场人员、产品架构设计师、产品项目集经理等干系人的共同参与，以保证提供正确的需求信息，从而让开发团队能够交付真正满足客户需求的产品或服务。可以这样说，与产品设计与开发过程存在利益关系或影响的人，都是需要认真识别并加以管理的干系人。

产品设计与开发团队的识别过程是一个渐进的过程，可能随着对需求的持续分析与识别来确认需要哪些领域专业人才的参与。但是，在项目团队组建的早期，上述主要人员需要优先确定，从而使产品开发与设计项目能够更高效而快速地执行。

2.2 | 设计与开发团队的组织结构

上文说明了选择合适成员的重要性，但是选对了人并不能保证一定能够充分发挥每个人的优势来实现产品的设计与开发。"三个和尚没水喝"的故事就充分说明只有人不行，还需要采用科学合理的组织结构来保证目标的实现。简言之，应对挑战需要借助集体中每位成员的力量，所以要合理地搭建班子，建立良好的组织结构，从而更高效地应对各种挑战。

组织对产品设计与开发的影响因素包括组织结构、组织文化、组织能力、组织规模等。合适的组织结构将极大地促进组织成员间的协作与沟通，甚至决定项目最终的成功。

建立组织结构时需要考虑的因素主要有以下几个方面。[1]

- 与组织目标的一致性。
- 各组织成员的专业能力。
- 决策升级渠道。
- 职权和范围。
- 职责分配。
- 设计的灵活性。
- 物理位置。

组织结构类型大致有以下几种，如图2-1所示。

1）职能型组织。这是一种层级结构，每位成员都有明确的上级，各部门相互独立地展开项目工作。

2）项目型组织。与职能型组织相对的是项目型组织，团队成员通常集中办公或采用虚拟办公的方式实现集中办公的效果。组织的大部分资源都用于项目工作，项目经理拥有很大的自主性和职权。

3）矩阵型组织。兼有职能型组织和项目型组织的特征。根据职能经理和项目经理之间的权力和影响力的相对程度不同，矩阵型组织可以划分为多种类型，如弱矩阵型和强矩阵型组织。

实际中，团队的组织结构可以有多种类型，以上仅列举了几个典型的组织结构类型。现实中也不存在一种通用的组织结构，能够适应所有企业及产品开发的需要，所以具体的组织结构还需要根据企业及产品的性质、组织定位等因素合理选择。

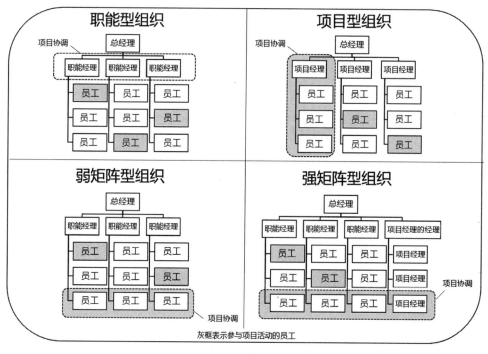

图2-1 组织结构类型

组织结构建立后并不是一成不变的，需要针对不同的产品类型或组织规模的变化等进行合理的调整。

实战分享

在以往的项目管理及开发过程中，笔者分别参加过项目型团队和矩阵型团队，每个团队都有各自的特点。在项目不是特别复杂，所需专业不是特别多的情况下，项目型团队因为能够长期紧密合作而更加高效。同样，当组织的人数超过一定规模，需要更多的专业人才参与的时候，矩阵型团队就能够比较好地解决复杂团队沟通的问题，还能够采用并行执行项目活动的方式来加快项目进度。总之，项目型团队在前期创新设计阶段更加高效，而矩阵型团队则能够实现规模化生产，并完善复杂产品设计的管理。

在实际的产品设计与开发过程中，特别是针对软硬件相结合的产品，产品设计与开发团队组织结构的合理建立是充分发挥团队成员智慧及保证产品设计与开发过程顺畅的关键。在这样的条件下，选择合适的组织结构是增强企业竞争力，充分发挥个人及组织能力的重要因素。

本章小结

1. 由谁来设计与开发产品，是产品设计与开发过程顺利进行的关键。需要针对不同专业活动选择对的人来做正确的事。

2. 只有针对不同的产品和开发模式选择并确定合适的团队组织类型，才能够真正发挥团队的能力，取得"1+1>2"的效果，也才能交付正确的结果。

3. 如何发挥个人与组织的能力是应对各种挑战的重点。

4. 没有一个万能的组织结构能够适应所有类型的产品开发，要根据自身的特点建立相应的组织结构。

第3章

如何应对挑战

3.1 采用系统方法解决问题

当我们面对现实工作与生活中的各种挑战时，除了需要有应对挑战的勇气和坚忍不拔的毅力，还需要学会运用知识、工具与各种先进的方法来赢得挑战。

在产品设计与开发领域，开发人员需要不断地学习先进的科学技术知识，采用人们在社会工作、生活中积累的宝贵经验和科学方法，以应对设计与开发过程中已知或未知的各种挑战。

采用系统方法解决问题是人们在工程实践中总结出来的一种先进方法，也是产品设计与开发团队成员需掌握的一项重要能力。

3.1.1 系统的概念、属性及类型

1. 系统的概念

系统指的是多个相互联系的要素组合起来的一个整体。整体表现出其组成部分所不具备的功能或性质，从而能够实现特定的目标，这种现象也被称为"涌现性"。例如，实现火星登陆的航天器就可以被看成一个系统，它具备把人类或各种火星登陆器从地球表面发送到火星表面这样一种功能，但其构成要素或组成部分本身则没有能力实现火星登陆这个功能。

日常生活中常见的系统有计算机操作系统、人体免疫系统、工厂自动控制系统、大自然生态系统、飞行自动控制系统、电力系统及通信系统等，这些系统在人们的认识里都是相对复杂的整体概念或产品名称，都包括多个构成要素。

2. 系统的属性

系统的一般属性如下。[2]

1）整体性。整体性是系统最基本、最核心的属性，是系统性最集中的体现。

2）关联性。构成系统的要素是相互联系、相互作用的；同时，所有要素隶属系统整体，并具有互动关系。

3）环境适应性。任何系统都存在于一定的环境之中，并与环境产生物质、能量和信息的交流。

除了以上三个一般属性，很多系统还具有目的性、层次性等属性。

1）目的性。系统是为了满足人们的特定需求而人为设计或开发的。

2）层次性。复杂系统具有层次性，构成系统的多个要素因为相互联系而产生层次结构。

3. 系统的类型

1）自然系统与人造系统。如自然的水循环系统与人类建造的水力发电系统。

2）实体系统与概念系统。由自然存在的物质组成的系统称为实体系统，而由非物质构成的各种概念、程序等称为概念系统。

3）动态系统和静态系统。随时间而变化的系统称为动态系统，反之称为静态系统。

4）封闭系统与开放系统。是否与外界进行物质、能量及信息交换是区分封闭系统与开放系统的关键。

通过对系统概念、性质及类型的了解，可以联想到，为满足客户复杂的产品需求所设计与开发的产品都可以归类为人造系统。那么为满足这些需求而进行的产品设计也可以理解为进行系统设计，当然也属于工程设计领域。

从图3-1可以看出，人造系统通过与外部环境进行信息、物质或能量的转换，实现特定的功能与目的，从而满足客户的需求。如果在此基础上进一步细分系统，那么系统中每个功能模块本身仍然是由更基本的要素构成的。例如，各种实现逻辑的执行单元、能量传输单元、支撑整体结构的物理单元等。

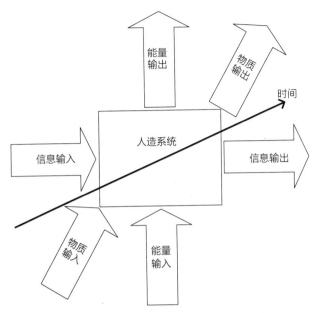

图3-1　人造系统与外部环境

💡 **示例**

　　这里以日常使用的便携式计算器为例。打开开关时，电源接通，系统开始有能量输入，输出驱动屏幕默认显示"0"，这时我们可以通过按下相应的数字按键及加、减、乘、除等按键构成算法组合，最后按下等号键完成信息输入，计算器就会在屏幕上自动输出计算结果，完成信息输出。通过这个过程可以看出，计算器就是一个人造系统，通过电池能量及自身构造，对信息输入进行处理并得到相应的输出结果，以实现数字计算的功能。

　　我们可以把示例中计算器的设计看成一个人造系统的设计，因为计算器的构成符合人们对系统概念的定义。要站在产品整体的角度来处理计算器的设计与开发过程中遇到的各种问题，找到各对象组合之间相互关联的部分，并解决各种问题，从而达成要实现的目标。

　　近年来，随着技术的不断发展，人们关注的系统组成要素本身也变成了非常复杂的系统。例如，我们可以把复兴号电力动车组涉及的整个交通体系看成一个庞大的系统，而在这个庞大的系统中，仅复兴号电力动车组这个组成要素就是一个复杂的系统。根据对以上概念的理解，人们提出了体系（System of Systems，

SOS）这个概念，当前这个概念还在不断发展。有学者将其定义为：体系是经过整合的若干大规模系统，这些系统多种多样，可以独立运行，但能为实现某个共同目标而协同工作。构建体系的出发点可能是费用、性能和健壮性等。[3]可见，随着人们认识的不断提高，系统这个概念本身也在不断地扩展与深入。

3.1.2 系统方法论

在近代工程实践的基础上，系统方法论一直随着人们认识的逐步深入和实际工程经验的积累而不断演进。人们试图找到一个最好的方法以尽量涵盖更多的领域，从而有效地解决系统中可能出现的各种问题。事实上，如同牛顿的力学理论与爱因斯坦的相对论，不同方法论都有各自适用的空间和简化的模型来更方便地处理科学实践中遇到的各种问题。对使用者来说，在特定场景下最方便、最适合的方法就是最好的。但这并不意味着方法论的探索可以止步不前。恰恰相反，人们始终试图找到更好的方法来处理与解决现实的各种问题，从而解放生产力去探索未知的世界，这也是探索研究的意义所在。

下面介绍几种典型的系统方法论。它们能够比较全面地概括系统方法论的特点，方便读者理解并掌握系统方法论思想的精髓，从而更好地交付各种产品或解决实际生活中的问题。

1．霍尔三维结构

霍尔三维结构[4]是来自贝尔电话实验室的亚瑟·D. 霍尔（Arthur D. Hall）通过在贝尔电话实验室的实践经验总结出来的经典方法论，这种方法论能够比较全面地概括系统工程的各项特点，如图3-2所示。

霍尔通过工程实践及研究发现，可以从三个维度来划分系统工程。

1）时间维度。系统开发的时间维度由每个重要决策的里程碑划分，每个被划分出来的单元称为阶段，这些阶段定义了一个项目从开始到结束的整个生命周期。从图3-2中可以看到，项目从时间维度可划分为七个阶段。

（1）项目集计划阶段。根据顶层的战略制定产品项目集与产品开发的顶层路线图。

（2）项目计划阶段。选定要设计的项目，制订项目开发计划。

（3）系统开发阶段。根据计划阶段的设计要求，开发满足项目需要的设计。

（4）产品制造阶段。生产产品的各组成部分，最终组合成相应的产品。

（5）产品部署阶段。完成产品的运输、安装与部署。

（6）产品运行阶段。按照系统的设计功能开展各项服务。

（7）产品退役阶段。产品完成使用使命而退役，开始计划新的产品。

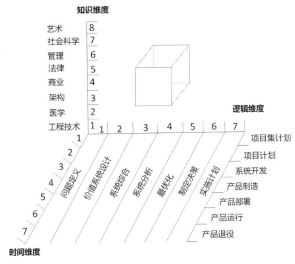

图3-2 霍尔三维结构

2）逻辑维度。这是一个问题解决的逻辑流程，在实际项目中可以在任何阶段顺序执行相关步骤，但是每个阶段问题的解决必须按照逻辑维度问题解决的步骤顺序执行。这个问题解决流程包括如图3-2所示的步骤。

（1）问题定义。通过系统调查，尽可能全面地收集各种资料和数据，清楚定义问题。

（2）价值系统设计。系统设计要达到的指标，设计衡量与评价系统相关功能或性能的各种指标。

（3）系统综合。主要是按照问题的性质和总的功能要求，组成一种可供选择的系统方案，方案中要明确系统的结构和相应的参数。

（4）系统分析。对系统方案的性能、特点及满足设计指标的程度进行相应的优先次序排列。

（5）最优化。根据系统分析的结果，对方案中的各项参数进行调整，从而达到系统最优的效果。

（6）制定决策。在对系统进行分析、优化的基础上进行决策，选择最终行动方案。

（7）实施计划。根据决策阶段选择的行动方案，将系统付诸实施。

3）知识维度。为满足系统工程所需的各种学科知识，包括工程技术、医学、架构、商业、法律、管理、社会科学与艺术等。

由时间维度与逻辑维度构成的二维结构，早在霍尔三维结构之前就有比较多的讨论。实际上，每个时间阶段的问题都可采用逻辑维度问题处理的方法和步骤，并且在遇到特定问题的时候，可以采用迭代的方式进行处理，直到问题解决，从而得出进入下一个阶段决策所需的结论或结果。这样的步骤经常在最优化的逻辑开发过程中有所体现。

图3-3为二维结构的一个简化模型。从这个模型中可以看到，在以时间维度为主的每个阶段活动执行过程中，运用逻辑维度的问题处理方法，通过问题的不断挖掘、优化、迭代，最后得到一个满足系统工程设计的结果。

详细步骤框架 逻辑维度→ 粗略阶段框架 时间维度↓		1 问题定义	2 价值系统设计	3 系统综合	4 系统分析	5 最优化	6 制定决策	7 实施计划
1	项目集计划	11	12	13	14	15	16	17
2	项目计划	21						
3	系统开发	31						
4	产品制造	41			44			
5	产品部署	51						
6	产品运行	61						
7	产品退役	71			74			77

图3-3　系统工程二维结构

2. 切克兰德的软系统方法论

英国学者彼得·切克兰德（Peter Checkland）通过工程实践及调查研究发现，随着系统工程应用领域的不断发展及扩展，系统设计也越来越复杂，涉及与人及社会等非工程领域的互动，这时单纯地采用之前的系统方法论（如霍尔三维结构，切克兰德称其为硬系统方法论）会遇到很多困难，甚至导致项目失败。因为在工程实践的早期，系统问题较为明确，需要解决的是如何解决已知问题本身。而后来随着技术的不断发展，逐渐遇到更大范围的情境，这时需要解决什么问题的"问题"就成了一个议题，所以切克兰德引入了"比较"环节，提出了软系统方法论,以便将系统方法论扩展到更大的应用领域。[5]

图3-4为切克兰德软系统方法论概要,这个方法论分为七个不同的阶段。

1)阶段1和阶段2:问题表达。在问题还不是特别明确的情况下,尽可能地发现问题情境并尽量避免过早地陷入某种特定的结构,尽可能多地搜集问题情境中人们对问题的不同认识,同时不强求人们用系统论的术语做出分析,从而揭示那些可能的、相关的选择。

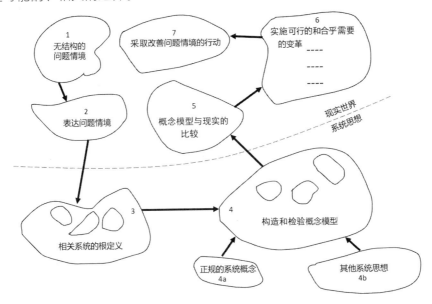

图3-4 切克兰德软系统方法论概要

建立起一种内容最丰富的可能图像。根据这种图像,选择关于问题情境的一个观点(或一些观点),从这些观点出发,再进一步研究问题情境。从表达的情境中发现"结构""过程""结构与过程之间的关系",从而了解问题的真实情境。

2)阶段3:相关系统的根定义。根定义是一种从某个特定角度对一个人类活动系统的简要描述,这里称为相关系统的根定义。这样做的目的在于如果在后面阶段的研究显示出这种选择缺乏洞察力、不相关或不可能有结果,那么这种观点可能被其他观点取代。

一个形式完整的根定义需要包括如下六个要素,其首字母缩写为"CAT-WOE"。

• C(Customers)。系统活动的受害者或受益者。

- A（Actors）。系统活动的主要执行者或促使者。
- T（Transformation Process）。把定义的系统输入转变为定义的输出过程。
- W（Weltanschauung）。Weltanschauung是德语中"世界观"的意思，在这里表示一种观点、框架或图景，使某个特定的根定义变得有意义。
- O（Ownership）。系统的所有者。
- E（Environment constraints）。作用于系统的环境约束条件。

3）阶段4：构造和检验概念模型。在根定义的基础上，构造一个模型，使之能够实现根定义中的活动内容，形成概念模型。根定义说明了系统是什么，而概念模型则描述了系统必须做些什么才能符合所定义的系统。构造的模型不是已知的、存在于现实世界中的现实活动系统的描述，只是概念上的说明。

基于根定义的概念模型不存在正确与不正确之分，只存在能自圆其说和较难自圆其说之分，但是我们至少可以用图3-4中4a阶段的那种适合所有人类活动系统的正规的系统概念来检验所建立的概念模型的完整性，至少能让模型的建立过程较为正式，而不是草率完成的。

4）阶段5：概念模型与现实的比较。概念模型建立后就可以与现实世界的活动进行比较，通过比较发现概念模型不完善的部分，而重新返回建模阶段加以精练。

可以针对不同的研究采取不同的比较方式。实际上，概念模型可能不止一个，在反复的比较中可能发现各种优缺点，从而更好地对概念模型进行修正，进而得到最适合的概念模型。

5）阶段6：实施可行的和合乎需要的变革。阶段6的目的是通过将概念模型与现实情境中"是什么"进行比较来产生下面任何一种类型变更的讨论。

（1）结构方面的变革。主要针对组织运行中保持不变的部门结构。

（2）过程方面的变革。主要关于组织中动态要素的改变，如口头的或书面的汇报和信息传输过程的改变。

（3）态度方面的变革主要关于个人或集体意识，包括认识或态度等方面的改变。

6）阶段7：采取改善问题情境的行动。由于变革方案的实施改变了问题情境中原有的问题，而产生了另一个新问题，或者实施变革的活动本身可能有问题，这些新问题同样可以用方法论提供的方法来解决。

这种方法论并不是严格按照顺序进行的，可能从任何一个阶段开始，也可能从中间的阶段再次返回阶段1开始。这种方法论强调的是不断地反馈与学习。

除了上面介绍的两种被广泛接受的方法论，还有诸如"物理—事理—人理"（Wuli-Shili-Renli, WSR）系统方法论、"全面系统干预"（Total System Intervention, TSI）系统方法论等，感兴趣的读者可以去查阅与了解相关的内容。事实上，随着学科的深入发展，细分领域越来越多，其创造出来的场景也越来越复杂，目前系统方法论也依然在不断发展。

对于工程师或项目管理人员，知道典型系统方法论的发展与演进，从理论上了解问题解决的思想，再结合工程实践反馈，能够进一步加强对理论的认识。相信这样的过程有助于读者处理与解决现实世界中各种复杂多变的问题。

3.1.3 系统思考方法

系统思考方法就是站在系统的角度来处理各种问题。针对系统思考方法，本书总结了可以应用于日常工作与生活的"系统思考三三法则"。

1. 等三分钟

"欲速，则不达；见小利，则大事不成。"遇到问题不要立即给出答案，经过三分钟思考后再回答。很多问题的复杂度或背后的"套路"超出了仅凭直觉就能马上做出有效决策的限度，在时间允许的情况下，需要运用直觉与理性分析相结合的方法进行综合判断，再给出答案。

2. 问三个人

"三人行，必有我师焉。"我们面对的是越来越复杂的世界，也越来越依靠彼此互不交叠的专业知识来共同发展。我们比以往更需要团队合作或运用他人的知识与智慧来弥补个人知识领域的盲区，这样才能够从系统角度围绕目标进行有效、全面的分析与思考，从而使计划或处理方法更加完备，使风险应对更加充分、有效。

3. 画三张图

在明确或清楚定义需要处理的问题后，就可以画出三张系统决策图（见图3-5）以分析及处理各种问题，保证在分析处理问题时能够关注系统思考的整体性、有序性、层次性、开放性、目的性、环境适应性及过程连续性等。

（1）静态分析图。可以运用"相互独立，完全穷尽"（Mutually Exclusive, Collectively Exhaustive，MECE）分析法[6]对问题进行静态分析，画出静态分析图。MECE分析法比较适合静态分析，因为实际动态发展的事物之间很难完全彼此独立且毫无关联。

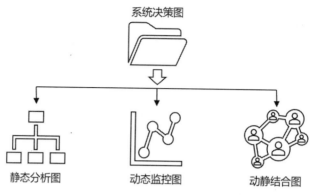

图3-5　三张系统决策图

（2）动态监控图。事物随时间流逝而不断发展变化，我们要找到问题中关键的参数或动态变化的指标，并对其发展趋势进行预测、跟踪、分析及调整，使其变化满足系统设计的范围。例如，项目进度管理虽然有明确计划，但在实际执行过程中总会遇到各种意外事件使项目进度偏离原始目标。通过对关键项目活动进行动态监控，可以清楚地了解偏离目标的动态变化指标，从而采取有效的应对措施。

（3）动静结合图。系统是由若干部分相互联系、相互作用形成的具有某些功能的整体。系统不是孤立存在的，而是整体的、动态的，随着时间推移而不断发展。所以需要对静态与动态分析后的关键因素进行共同分析与监控，从整体上看待问题，并找到解决问题的平衡点，进而找到系统的最优解，而非单项最优解。

综上所述，运用系统的思考方法处理各种复杂问题，将充分保证产品设计与开发过程及结果的完整性，降低项目技术风险，提高项目执行效率，进而减少各种资源投入，并缩短问题处理或项目交付的时间，以及保证高质量。

3.2 | 用系统工程指导产品设计与开发

3.2.1　系统工程的概念、特点及核心目标

1. 系统工程的概念

系统工程，也就是处理系统的工程技术。[7]国际系统工程协会（International

Council on Systems Engineering, INCOSE）将系统工程定义为：系统工程是一种
跨学科和综合的方法，使用系统原理和概念，以及科学、技术和管理方法，使工
程系统的成功实现、使用和退役成为可能。[8]

2. 系统工程的特点

1）在开发的早期能够建立、平衡并综合各干系人的目标，计划及定义成功
的标准，定义实际或预测的客户需求、可执行的概念及需求的功能。

2）选择合适的产品生命周期模型、过程方法及架构的管理方式，能够对项
目的复杂度、不确定性和变化有一个合理的等级评判。

3）针对需求建立执行的基准、合适的模型，并为每个开发阶段所需的工作
量选择合适的架构设计方案。

4）站在整体的角度执行设计的整合、系统验证及确认。

5）在兼顾问题与解决方案的同时，要考虑系统及服务，识别出每个部分在
系统组装单元中扮演的角色，在保证系统性能的同时，给出能够满足系统要求的
平衡后的方案。

3. 系统工程的核心目标

系统工程是从总体出发，合理开发、运行和革新一个大规模复杂系统所需的
思想、技术、方法论、方法与技术的总称，属于一门综合性的工程技术。系统工
程是一门交叉学科。系统工程提供引导、指导及领导力来整合交叉领域学科及不
同团体，使其更加紧密地合作；创造出一个合适的开发流程架构，从概念设计到
交付产品、运行、更新升级，直至产品退役。

系统工程兼顾技术与商业目的，既能满足客户需要，又能满足产品质量要
求，并顾及干系人的关注点，避免在实际使用过程或执行过程中产生不必要的负
面影响或不足。

系统工程最终要为交付系统的结果负责，因此要管理好整个系统工程执行
期间的所有风险点，包括但不限于技术风险、进度风险、交付风险、整合风险、
测试风险等。系统工程最重要的目标是控制风险、交付产品并创造价值。

用定量与定性相结合的思想和方法处理大型复杂系统的问题，无论是系统的
设计或组织建立，还是系统的经营管理，都可以统一地看成一类工程实践，统称
为系统工程。系统设计思想更强调从系统的角度来思考创新产品的设计。系统设

计要求在更高的层级关注终点的方向性部分，而不是关注那些实现的细节部分。

一般来说，系统工程把研制大规模系统的开发项目作为主要对象，可是其观点与方法也适用于小规模的开发项目和对现存系统的改善与发展。[9]

综上所述，系统工程的核心目标主要包括如下几点。

- 站在整体的高度保证系统成功。
- 追求系统整体性能最优。
- 从技术角度看待问题，充分发挥团队力量。
- 在追求技术的同时满足商业上的要求。

系统工程方法论就是分析和解决系统开发、运作及管理实践中的问题所应遵循的工作顺序、逻辑步骤和方法。它是系统工程思考问题和处理问题的一般方法与总体框架。[2]

3.2.2 系统生命周期及模型

人们在系统工程的实践中不断发现与总结出各种有效的方法，并根据系统设计的实际需要，结合自身的应用情境，总结提炼出一些系统开发的关键要素，并针对这些要素之间的相互关系进行分析与总结，提出了各种生命周期框架。这些框架既包括完成系统设计与开发的关键支持要素，也说明这些要素之间的相互关系，从而共同形成一个具有指导功能的载体。

1. 系统生命周期的概念

每个系统都有生命周期（Life Cycle）（也称生存周期），生命周期可以采用抽象的功能模型来表述系统需求的概念，包括实现、使用、更新及退役。一般来说，人造系统都会经历如图3-6所示的系统生命周期。

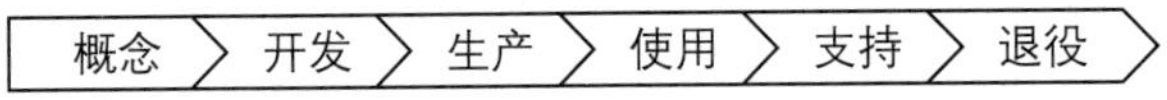

概念 〉 开发 〉 生产 〉 使用 〉 支持 〉 退役

图3-6 系统生命周期模型

那么，阶段之间怎么交接？如何保证整个系统生命周期过程的完整性？我们首先对如下几个与系统生命周期相关的关键概念进行介绍与说明。

1）阶段。从系统生命周期的概念中可以看出，人造系统的生命周期在顺序上存在人为的阶段划分，这也符合人们认识自然与改造自然的规律。根据事物发展顺序及工作关注重点不同而进行划分，其主要目的还是便于不同干系人进行有效的沟通与理解。

2）评审点（也称决策门、控制门、里程碑、关口等）。评审点就是在不同的阶段之间进行交接的决策点，既代表着项目执行到了一个特定的里程碑，也代表了评审上一个阶段项目活动的目标是否达成和下一个阶段的进入标准是否满足，其目的是管理阶段进度及评估相关交付物是否满足计划的需求目标，降低各种与产品开发相关的风险。其整体思想类似于采用阶段—关口[10]的方法处理开发过程中的问题。

3）基准。基准是指在产品生命周期特定时间制定，并且评审后获得批准的配置项版本。它可以是多种形式的文件，作为交接或评审条件是否满足的判断基准。对于比较复杂的大型工程项目，伴随生命周期过程，往往需要对系统进行技术状态管理（也称配置管理）。技术状态管理是指应用技术和行政管理手段对产品技术状态进行标识、控制、审核和记录的活动。技术状态是指在技术文件中规定的，并且产品需要达到的物理和功能特性。

💡 示例

可以把求学过程简单地看成一个在校学习的生命周期，把整个求学过程中的每个年级看成一个个学习阶段，那么决定是否能够升级的标准在于每学期期末的考试成绩，考试是否能够通过则需要参照之前定义的基准，这样就构成了逐级升级的过程。

再比如，了解到客户想要一台能够炒菜的机器，需求方的关注点不是这台机器长什么样子、怎么设计、如何生产，而是如何满足需求，如何使用。对于产品设计开发人员，又可以分为不同的专业，如概念设计工程师、产品开发工程师、生产制造工程师、复杂支持的售后工程师等，他们分别在整个生命周期的不同阶段执行特定的项目活动。确定阶段分工后，就要定义阶段与阶段之间的交接方式，也就是评审点，在这个时间点判断是否能够进入下一个阶段，如定义在什么时间产品开发工程师需要把设计好的图纸等交接给生产制造工程师。确定交接的节点或时间后，就要确定交付的文档、设计、材料等是否能够满足下一个阶段开始的条件，这时就要将基准作为判断条件，或者进行比较与参考。这个基准通常是在项目之初，在计划阶段就定义好的。

2. ISO/IEC/IEEE 15288框架

不同的组织因产品类型不同，而可能对系统生命周期有不同的理解，各大型组织或行业机构也有自己的定义。本书统一采用国际标准化组织发布的ISO/IEC/IEEE 15288框架中的定义。原因在于，以一个国际化的视角与全球的可能相关方进行沟通，并根据自身的特点进行相关剪裁，这样既有助于在彼此沟通的过程中更好地理解双方需求，也可以在今后与国际组织合作时将其作为一个可以共同参考的基准，从而更好地进行沟通、交流或合作。

ISO/IEC/IEEE 15288框架是国际标准化组织发布的系统和软件工程——系统生命周期过程标准（也称系统生命周期流程；本书参考标准为2015年版）。[11]这个标准建立的目的在于构建一个描述系统生命周期的通用框架，并且定义一整套可以用于任何系统层次的相关流程和术语。

从图3-7中可以看出，系统生命周期既可以采用阶段的方式描述，也可以采用过程组的方式描述，但是其基本的组成部分都是过程，目的在于促进采购方与供应方及其他利益相关方在系统生命周期过程中的沟通。

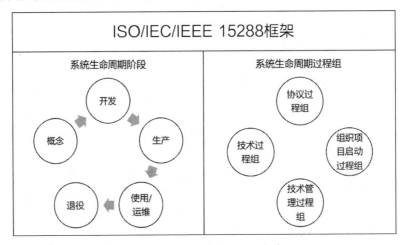

图3-7　ISO/IEC/IEEE 15288框架

过程就是通过一系列相互联系或相互影响的活动把输入转变成输出。[12]生命周期过程的目的与意义包括如下三点。

- 每个生命周期过程的结果、活动和任务之间都有很强的相关性。
- 将过程之间的依赖关系减少到最大的可行范围。
- 过程能够在生命周期中由单个组织执行。

下面说明过程描述所需的要素，这些要素分为必需项与可选项，如图3-8所示。

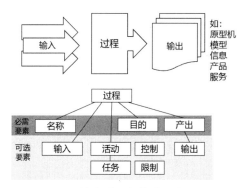

图3-8 基本过程和构成要素

- 名称（Name）。用来概括描述过程范围并能够与其他过程进行区分的简短名词。

- 目的（Purpose）。一句话描述的该过程要达到的目标。

- 产出（Outcomes）。执行过程要得到的可量化或可关注的技术或商业结果。

- 活动（Activities）。用来描述一组为达成或执行过程所需要完成的被需要、建议、允许或执行的具体活动。

- 任务（Tasks）。为支持得到期望的过程产出而进行的需求、推荐或通常采取的活动。

- 输入（Inputs）。需要通过过程进行转换的条目。

- 输出（Outputs）。一些过程输出对于构建最终产品或服务是必不可少的。其他过程输出是中间产品，仅供顾客确认或审核员检查使用。过程输出主要有两种类型：工件和信息项。

- 控制及限制（Controls and Constrains）。指导或限制过程的性能。控制与法规等相关，限制则与外界环境或商业因素相关。

从图3-8中可以看出，过程输出的结果既可以是原型机、模型、信息等过程中给组织使用的中间结果，也可以是满足系统设计需求的产品或服务。其本质目的是解耦系统的复杂度，找到最小可以执行的一系列活动，从而获得期望的结果。

ISO/IEC/IEEE 15288 框架将系统生命周期内需要执行的过程进行了分组，每个分组过程都有相对应的描述，包括目的及期望的输出和相应的活动和任务，以便通过过程实现期望的输出。

ISO/IEC/IEEE 15288框架包括4个过程组、30个过程，如图3-9所示。

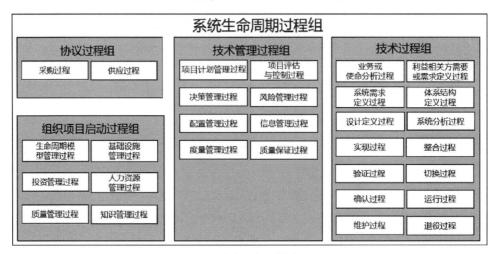

图3-9　系统生命周期过程组

4个过程组简要介绍如下。

- 协议过程组。两个组织建立与产品或服务有关的协议所需的活动。
- 组织项目启动过程组。涉及提供使项目满足组织相关方的需求和期望所需的资源。
- 技术管理过程组。管理及应用分配的资源和资产，从而满足组织达成的或应该履行的协议的要求。
- 技术过程组。包括整个生命周期的各项技术活动，将利益相关方的需求转换成产品和服务。

如前所述，ISO/IEC/IEEE 15288框架也可以采用阶段描述，其中列出了6个阶段：概念、开发、生产、使用、运维、退役，并且每个阶段都设置了一个决策门，用来提供决策选择。在这个框架中，所有阶段都是可以重叠的，使用阶段和运维阶段是并行的。

在ISO/IEC/IEEE 15288框架中，无论是划分为阶段，还是划分为过程组，底层都是由过程组成的。[13]

3. 生命周期模型

如果仅仅按照系统生命周期阶段划分的方式来介绍生命周期概念，很容易让人认为所有的阶段过程都是单一顺序执行的，这显然不能满足现实工程实践中各种产品设计与开发的需要。实际上，针对不同的开发场景或不同行业，还有更多类型的生命周期模型被提出并广泛使用。

有些模型从表面上看是线性的、顺序执行的，但是在实际使用过程中，需要针对具体情况选择特定的模型，并采用增量或迭代的方式进行开发，而非限定在某个线性、特定的开发过程中。下面对几种典型的模型及其特点做简要说明，目的是让读者在实际项目开发过程中能够更灵活地应对各种不同开发场景。

1）瀑布模型。瀑布模型最早是由罗伊斯（Royce）在20世纪70年代提出的。瀑布模型比较适合这样的项目：开始时就可以对项目的范围、需求、进度、成本及各种资源有比较明确的定义，可以提前完成大部分项目规划工作。一般来说，采用瀑布模型开发的项目可以借鉴过往类似的项目经验或模板等。

如图3-10所示，瀑布模型的系统生命周期就是按照线性的顺序逐级而下，直到最后的交付。这是一种理想的示意模型，目的是让人更容易理解不同阶段发生的顺序。在实践中，存在不同阶段反复迭代的可能性，而非直接逐级向下。

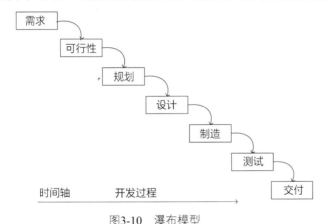

图3-10 瀑布模型

实战分享

以下情况可以优先选择瀑布模型：充分了解拟交付的产品；有坚实的行业实践基础；整批一次性交付有利于干系人。在实际产品开发过程中，如软硬件结合的产品设计与开发领域，如果项目需求在前期比较明确且后期变化相对较小，就可以采用瀑布模型对产品进行开发。

使用瀑布模型的开发方法也称预测型方法，这种开发方法能够使项目团队在早期降低项目不确定性水平，并完成大部分项目规划工作。

2）V形模型。V形模型是20世纪80年代末期提出的，简单来说，就是将系统生命周期的各阶段组织成一个与字母V类似的结构，已被广泛应用于多个行业及领域。V形模型如图3-11所示。

从图3-11可以看出，V形模型分为左右两部分。左边部分顺序说明了市场需求、需求分析/可行性研究、概念设计、系统分析与设计、子系统设计、详细设计的阶段构成；软硬件开发阶段则衔接左右两端；右边部分的阶段包括单元测试、子系统验证、系统验证与部署、系统确认、运行与维护、变更与升级、退役或替代。

从另一个角度来看，针对V形模型的核心部分，左边侧重于产品的定义与分解过程，从系统到功能再到部件，逐层分解，体现了V形模型左边自上而下的设计与开发方式；而右边则侧重于集成与整合过程，从部件、子系统到最后完整系统逐级验证与整合，体现了V形模型右边自下而上的验证与审核的流程思想。从图3-11中可以看到V形模型核心部分所对应的每个层级的定义、设计及系统实现的逐级验证与确认的过程，其核心思想是一种左右对称的层级设计与验证的关系。

实战分享

V形模型依然是线性顺序类型的开发模型，其应用的前提是项目前期能做好需求分析，项目范围相对明确。V形模型的特点是将设计实现和开发验证的过程有机地结合起来，它包括单元测试和系统测试，可以在保证设计质量的前提下缩短开发周期。

在实际产品开发过程中，V形模型适用于需求明确、技术风险不高、容易实现代码或硬件模块化的产品开发场景。

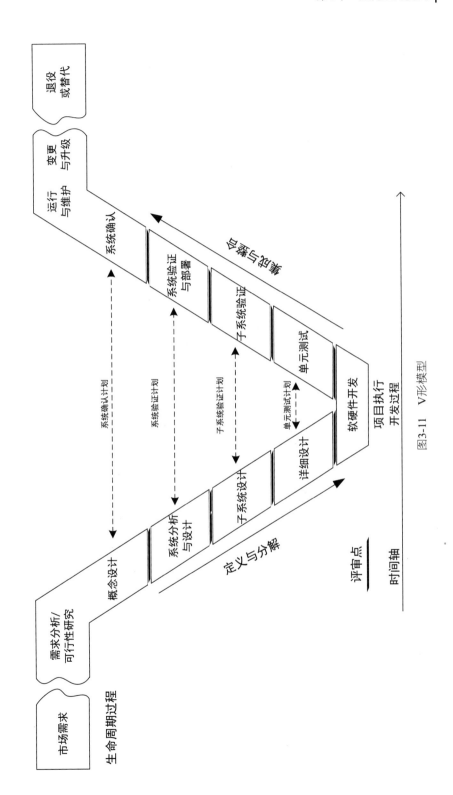

图3-11 V形模型

3）螺旋模型。螺旋模型是最早由巴利·玻姆（Barry Boehm）提出的一种软件开发概念模型，由风险分析驱动并采用周期性方法进行系统开发。该模型通过在每个迭代阶段开发出相应原型的方式降低风险，在每个阶段过程或循环之前进行风险评估，针对对应循环的特点采用特定的过程模型，所以能够兼顾及融合诸如瀑布模型等其他模型的方法及特点。螺旋模型的最大特点是在融合其他模型的基础上引入风险分析过程。如图3-12所示，螺旋模型的每个循环都由以下四个活动构成。

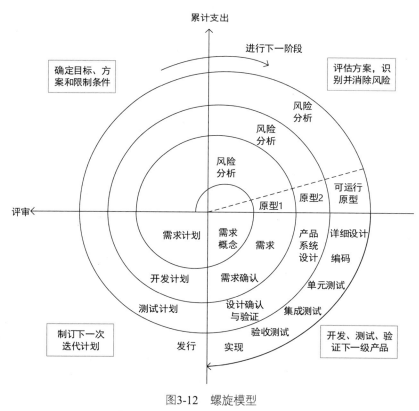

图3-12　螺旋模型

（1）确定目标、方案和限制条件，考虑所有对成功至关重要的利益相关方的获胜条件。

（2）评估方案，识别并消除风险，识别并评估源自所选方法的风险。

（3）开发、测试、验证下一级产品，识别与评估满足获胜条件的不同方法。

（4）制订下一次迭代计划，获得所有对成功至关重要的利益相关方的批准，并承诺继续进行下一个周期。

实战分享

由于引入了风险识别、分析和控制，并采用周期性的方法进行开发，所以螺旋模型适用于新技术开发，能够确保在需求不明确的情况下对项目风险和需求变更进行良好的控制。

但是，由于引入了严格的风险管理环节，螺旋模型对人员、费用和时间的投入提出了更高的要求。

4）敏捷开发模型。敏捷开发模型是通过将任务分解成小的增量步骤（可以基于客户定义的优先级）来实现一组目标，只需要最小的计划，每步都会产生交付给客户的工作系统或子系统。敏捷开发模型的特点还在于能够实现跨专业职能团队在短时间内共同工作，因此，它有能力对动态环境中的变化做出快速反应，并使正在开发的系统适应已经产生的结果。

实践中有很多不同的敏捷开发模型，如极限编程（Extreme Programming，XP）、Scrum、动态系统开发方法（Dynamic Systems Development Method，DSDM）等。

在敏捷开发环境中与活动相关联的生命周期是由短期冲刺的迭代及评审主导的，图3-13是这种模型的一种示意图。[14]

实战分享

以下情况可以优先选择敏捷开发模型：需要应对快速变化的环境；需求和范围难以事先确定；能够以有利于干系人的方式定义较小的增量改进。

敏捷开发模型强调整个项目团队（包括客户）的合作，并且快速输出可用成果；进行阶段性的评审，并且在下一阶段快速改进修正，变更灵活，能够降低项目开发风险并有效控制成本。其实际的产品开发过程应用，包括一些软件产品（计算机应用程序、操作系统等）、带嵌入式软件的产品、互联网应用产品等。

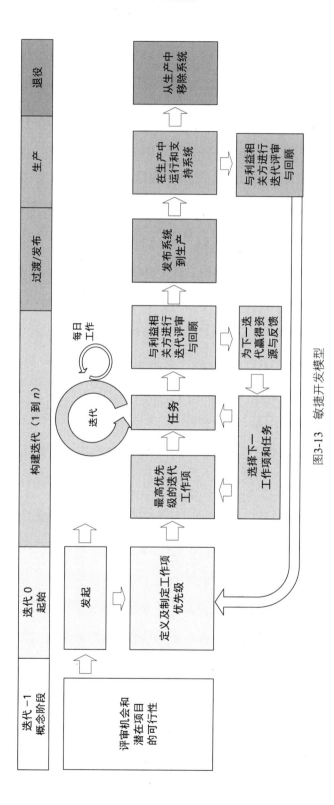

图3-13 敏捷开发模型

在实际的产品设计与开发过程中，可以根据实际场景，采用基于系统生命周期的顺序、迭代、增量和迭代加增量等开发方法，再引入风险分析要素，构建出很多种不同的项目开发模型，但其具体应用的核心思想仍然是针对特定场景，采取更好的方式或方法来获得最优的问题解决方案。充分吸收和运用这些模型的核心思想，针对具体场景和实际需要进行合理剪裁，这才是本书介绍这些模型的核心目的所在。

3.2.3 系统工程的未来

国际系统工程协会在2007年就给出了基于模型的系统工程（Model Based Systems Engineering，MBSE）的定义："基于模型的系统工程是对系统工程活动中建模方法的正式认同，从概念定义阶段到开发阶段和后续的生命周期各阶段，都正式使用模型以支持需求、设计、分析、验证、确认等各项活动。"并且在2021年发布的《系统工程愿景2035》中提到，系统工程的未来主要是基于模型的。[15]

基于模型的系统工程的目的是，从传统的基于文档和以代码为中心的设计方法逐渐走向基于模型的设计方法。数字化的文档和代码虽然都已经通过现代IT技术实现了有效的管理与储存，但是文档之间依然存在一定的割裂，需要人为管理，而文档关联的逻辑性及文档本身的可重用性等都存在一定的局限。采用基于模型的系统工程，以模型为中心，比传统的系统设计方法更先进，主要表现在整个工程从一开始就以模型的形式，对各种复杂的系统需求、结构设计、行为、仿真、性能、测试等进行无二义性的说明、分析、设计及追溯等，从而在产品的相关人员间建立一个统一的垂直交流平台，进而提高团队在应对复杂系统开发时的沟通效率，加强设计或问题的可追溯性，提升设计的可重用性，增强知识的获取和再利用。

基于模型的系统工程可以让项目干系人通过模型来多角度分析系统，评估变更的影响，管理系统的复杂度并提升设计质量，也支持通过模型在设计早期进行相应的检验和确认，以发现潜在的设计缺陷，从而降低设计风险，加快设计进度，减少开发费用。

但是，如果想要全面实现基于模型的系统工程，需要有相应的方法论、系统建模语言，以及支持系统建模管理的各种工具，并且系统设计本身也因不同行业及产品的特点而具有相应独特的产品属性，所以当前基于模型的系统设计还在发展完善的过程中。

无论未来如何发展，基于模型的系统工程方法的最终目的还是降低复杂团队沟通的成本，提高流程执行的效率，避免系统性风险。

本书的内容仍然基于传统系统工程方法，但是基于模型的系统工程方法的思想是可以借鉴及剪切使用的。实际上，传统方法论的产品领域本身也在不断迭代发展，不断吸收新的工程方法并运用到开发中，如现代设计过程更多地采用建模与仿真的方式来论证产品开发，这就是一个向基于模型的开发方法逐渐过渡的过程。相信，随着各项技术及工具的不断发展，未来会有越来越多的企业，开始由文档设计走向采用模型化、数字化、结构化设计的基于模型的系统工程方法。

3.2.4　系统工程与项目管理的关系

系统工程也是方法论，它站在系统整体角度，运用多个学科的知识支持系统的设计、开发、技术管理、运行、部署及最后的退役。实际上，从项目开发角度来看，系统工程是站在项目管理角度，从技术维度支持产品开发的一种方法。

项目管理的范围包括与项目开发相关的方方面面，如对开发团队、采购、技术、进度、预算、风险及干系人的管理等。这些不同方向的管理，本身并不是孤立存在的，而是彼此之间有所关联的。系统工程作为支持项目开发的一种方法或管理手段，则更关注技术及系统开发的角度。应该说，项目管理涵盖更大的范围，而系统工程本质上是项目管理范围内的一个部分，是为项目服务的，也是为达成项目目标而采取的一种有效的方法或手段。项目管理背景下的系统工程如图3-14所示。

在IT类复杂软硬件相结合的产品开发领域，项目团队中一般有两个主要的角色作为整个项目开发的牵头人：一个是项目经理，另一个是系统工程师。前者负责整个项目资源、进度、沟通及费用等方面的管理，而后者则主要从项目整体出发，从技术的角度对项目开发中的各部分进行组织、协调及问题处理等。在实际工作中，二者相互配合，带领整个项目团队完成项目的开发。这是否意味着二者有明确的界限或完全没有交叠呢？答案显然不是这样的，两个角色都要为项目的进度负责，都要识别项目风险等。在《NASA系统工程手册》中也有说明，管理一个项目主要包含三大目标：从技术角度管理项目、管理项目团队及管理项目进度与成本。[16]从图3-14中可以看出，项目计划与控制的功能更关注识别和控制项目成本与进度。项目经理需要站在整个项目的角度对项目团队进行管理，保证交付物在可控的开发进度与成本范围内，并保证交付技术满足需求的结果。

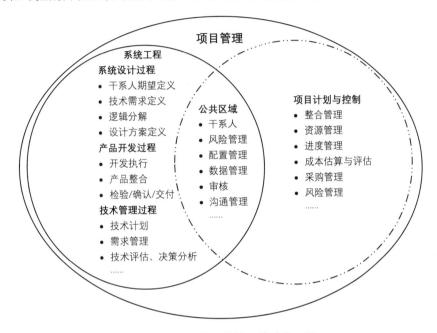

图3-14 项目管理背景下的系统工程

系统工程方法论在20世纪40年代提出，接着在军事研发、太空探索及软件开发领域得到了更多实践与验证，显示出巨大威力，在日益复杂的产品设计与开发过程中发挥着越来越重要的作用，也越来越受众多中小企业的重视。好的、合适的系统开发流程不但能够极大提升产品设计与开发的效率，也能降低企业运行成本及执行过程的风险。由于每家企业的发展阶段及侧重点有所不同，因此需要根据企业或组织的实际情况进行合理取舍。

3.3 | 高效交付产品的流程

理论上的各种工程方法论或生命周期模型往往因为过于抽象，一般并不能直接应用；并且针对某些特定的应用场景，如果单独使用某种方法可能无法满足实际需要，因此应在实际应用中对符合相应应用场景的各种方法或模型进行剪裁，使之更适合各家企业的具体情况。但是能够对方法或模型进行合理剪裁的前提是，既要对整个设计与开发流程有深刻的理解，也要对各种方法论或模型的真正含义有深刻的理解，这些因素都为实际的剪裁、使用带来了一定的困难。本书通过介绍一套完整的产品设计与开发的框架与流程，以及实际案例的说明，使读者能够更加清楚地理解具体执行过程建立的目的和意义，以及如何在实际项目中进行剪裁、使用。

3.3.1　产品设计与开发框架

从广义上来说，产品是指能够满足人们各种使用和消费需要的任何东西，包括有形与无形的产品或服务等。在本书中，产品是指具备系统特点的复杂产品，构成要素并不单一，涉及的技术领域多样，其过程需要由多个专业人才构成的团队通过协作才能完成，具备复杂系统工程的特点。因此，需要大批量生产的复杂产品的设计与开发过程就是本书主要介绍的内容。

本书中的产品设计与开发是指为满足人们对复杂产品需求的设计与开发过程，是从产品设计与开发角度来阐述产品从需求提出到最终交付给客户的整个复杂问题解决过程。为了更好地理解产品设计与开发过程，下面给出产品设计与开发框架，以此说明产品从需求提出到最终交付需要完成的主要任务。

如图3-15所示，产品设计与开发框架在组成上可以分为三部分，即产品创新设计、产品开发实践及产品问题解决。在顺序上可分为两个阶段，即产品创新设计与产品开发实践。

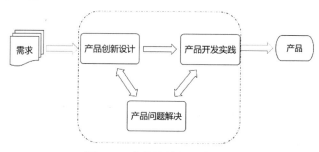

图3-15　产品设计与开发框架

1）产品创新设计。在正式投入大量开发资源之前所进行的各种创新设计与评估阶段的工作，所有工作都为下个阶段的开发执行做好决策和计划上的准备。

2）产品开发实践。经过创新设计阶段的评估、设计及评审决策，正式批准所有的资源投入，进入产品开发的执行阶段。包括从产品具体开发到交付的整个工程实践过程。

3）产品问题解决。产品问题解决在整个产品设计与开发过程中发挥着重要作用。无论是哪个阶段、哪个环节都需要解决各种类型的复杂问题，既要兼顾产品开发的流程、步骤、计划与执行，又要采用科学合理的方法与手段，解决可能遇到的各种复杂而棘手的问题，交付产品，创造价值。

3.3.2 产品设计与开发流程

产品设计与开发流程的制定，既需要站在技术及工程的角度，结合系统工程的方法论，兼顾整体，又需要站在项目管理的角度，管理项目范围、进度周期、项目成本等方面。所以，在流程制定上，需要在项目管理的框架内，采用系统工程的思想及方法进行设计与开发。

另外，对于产品设计与开发流程，站在不同的角度可以有不同的理解。

- 从项目管理角度，可以分为三个阶段，包括立项阶段、工程设计与验证阶段及生产交付与运维阶段。
- 从设计与开发角度，可以分为两个阶段，包括产品创新设计阶段和产品开发实践阶段。

这里提到的两个角度，将在更下层的子阶段实现项目分解执行层面的统一。这体现出，每个项目干系人站在不同立场与视角看待问题的过程可能是不一样的。站在设计与开发角度看待问题，设计意味着对客户的要求进行规划，而开发则意味着对规划的结果逐步进行工程实现，直到产品完成生产交付客户甚至产品生命周期结束。从子阶段细分及项目执行角度，项目管理、设计与开发就又统一为一体了，其差异则体现在项目经理与系统工程师的职责与内容上的差异。

如图3-16所示，本书介绍的产品设计与开发流程的阶段划分方式，是笔者通过自身实践，结合主流项目管理理论总结出来的，也就是从项目管理角度将项目分为三个主阶段及八个子阶段，从系统工程角度把整个项目设计与开发看成两个主阶段及八个子阶段，其中八个子阶段的内容与《产品化项目管理之路》[17]中的子阶段划分实现了统一，其划分理念也是一致的，这也体现了产品设计与开发流程本身是包括在项目管理范围内的一个更下一层项目活动的分解结果。下面从设计与开发的技术角度对两个主阶段及八个子阶段做说明与介绍。

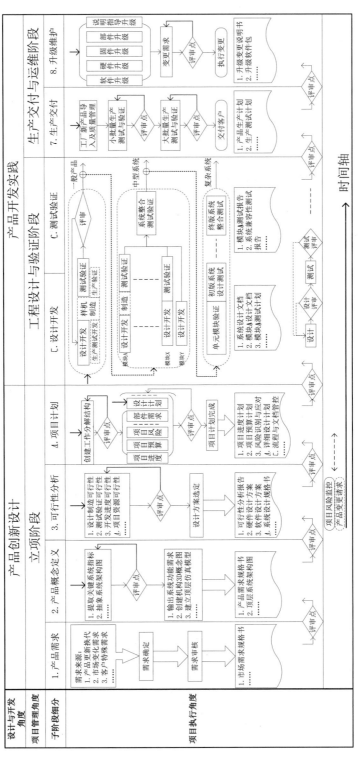

图3-16 产品设计与开发流程

1. 产品创新设计

主要介绍从产品需求、产品概念定义、可行性分析到项目计划的整个产品创新的设计过程，重点在于创新设计的过程，包括确认需求和设计目标、概念设计、顶层系统设计、可行性分析及产品设计与开发方案的最终选择与确认等环节。

产品创新设计阶段的核心在于从技术角度对需求进行各种评估及具体开发执行前的决策。主要包括以下四个子阶段。

1）产品需求。站在技术的角度分析从需求识别到需求创新，考虑如何更好地理解客户和市场的需求；同时要考虑产品创新的竞争力需要，在满足不同层次创新的同时真正实现交付有竞争力、有价值的产品或服务。

2）产品概念定义。从概念到系统框架设计，再分解到功能或子模块设计，从而站在产品的整体设计角度实现产品设计与开发的协调与优化，关注并协调满足多个利益相关方在整个系统开发过程中不同的关注点。

3）可行性分析。通过多种方式、方法及手段识别出产品创新设计与开发过程中可能遇到的各种不确定性的问题，并给出各种相应的解决方法，从而提出多个可行的设计方案，如采用建模和仿真技术等方法评估满足各种需求的方案，最终交付多个可供选择的设计方案。

4）项目计划。完成可行性分析后，再结合产品需求、概念定义等先前的工作输出，将产品设计与开发工作分解为可执行的最小活动单位，用以评估执行项目活动所需的工作量、费用、进度等的详细方案，从而制订具体的项目执行计划。

产品创新设计阶段评审点的几个关键条件如下。

- 设计计划是否满足客户的真实需求？
- 技术上是否可以实现？
- 进度上是否可以满足？
- 资源上是否可以满足？
- 是否具有竞争力？
- 是否具有创新点？
- 方案上是否最优？
- 各项风险是否都可控？
- 各种前期所需的设计文档是否齐全？

- 采用何种流程和方法满足当前设计的要求？

2. 产品开发实践

主要介绍产品开发执行的整个过程，包括详细的产品开发、制订测试计划、执行单元测试验证、系统设计验证、系统整合确认、工厂生产、批量生产测试、交付产品到运维管理等整个过程。

产品开发实践阶段主要包括以下四个子阶段。

1）设计开发。进入设计开发阶段意味着逐步把设计的框架结合理论，变换成图纸、代码，然后进行样机生产或系统整合，交付能够满足期望功能的物理样机或原型机。

2）测试验证。测试与验证决定着产品是否能够满足设计要求、功能要求、质量要求及批量生产要求等。这个阶段既包括基本的功能确认，也包括实际产品系统测试所需的各项验证与确认过程。

3）生产交付。能够实现产品的批量生产，才能从供应链的角度及工业化生产的角度交付价值，而只有交付到客户手中真正使用才能够体现出产品的价值。技术上如何实现批量生产、如何高效交付、如何方便客户使用也是开发的关键。

4）升级维护。产品在使用过程中遇到的各种问题或新的需求，在产品设计与开发阶段就要考虑，但是总有无法覆盖的场景和最初不能满足的需求，在产品交付后才能够识别并通过升级满足，这就要求在已有产品的基础上再次进行更新与开发，以满足客户需求。

产品开发实践阶段需要实现最终产品或服务的交付，其评审点的几个关键条件如下。

- 采用的开发方法是否合适？
- 执行的步骤是否完备？
- 技术培训是否按照计划完成？
- 设计计划中的风险是否已经消除？
- 测试验证的结果是否满足设计需要？
- 所有问题是否都已经解决？
- 产品是否达到设计上的系统最优？
- 批量生产等目标是否达成？

3. 产品问题解决

这种活动贯穿整个产品设计与开发流程，既要解决设计阶段的问题，又要解决开发过程中可能遇到的问题。产品问题解决可以参考如下原则。

- 如同医学上没有一种药能够包治百病，具体问题只有放置在特定场景下进行分析与处理才有意义。
- 能解决问题的不一定都是专家，人人都可以提出非常优秀的点子，从而解决问题。
- 解决问题的方法可以是突破性、启发性的，关键是能解决问题，而尽量不要引入新的问题。
- 发挥集体的智慧，协调集体完成解决方案的导入与执行。

本章小结

1. 系统方法的掌握及运用可以启发或帮助读者解决各种工程问题的挑战。
2. 学会系统思考是解决工作和生活问题的第一步，也是最重要的一步。
3. 没有一种方法或模型可以解决所有问题，最适合的才是最好的。
4. 产品设计与开发流程展示了从技术开发角度来看，产品是如何从需求到交付的，给出了一个经实践验证有效的参考模型。
5. 产品设计与开发的关键点是，在实现项目目标交付产品的同时，思考如何降低成本、提高质量、加快进度、提高竞争力、可批量生产、有高价值、满足真实需求、体验良好、具备新功能、采用新技术、提升性能。

第2部分

产品创新设计

产品设计领域有如下几个关于产品设计的观点,笔者深以为然。

- 设计中最难的部分是决定要设计什么。

- 错误也比含糊不清要好。

- 好的产品是设计出来的。

- 好的质量是设计出来的。

- 产品创新不一定每次都能赢,但是不创新就一定会被市场淘汰。

产品创新设计阶段主要的工作内容实际上也是围绕上述几个观点进行的。当然,产品设计与开发人员必然要在时间、范围、成本及资源等约束条件下思考产品的设计,也要兼顾不同产品的特点,如多次迭代设计且最后大批量生产的消费类产品、只进行一次设计并建造的建筑类产品等。

产品创新设计部分主要包括如下四章。

- 第4章,确认需求和设计目标。本章主要说明产品需求收集、评估及确定等。

  - 如何确认真实有效的需求。

  - 如何在满足客户需求的基础上进行有效创新。

  - 如何识别有价值的需求。

  - 如何找到各种需求的边界条件及确认关键指标,最后确认当前开发阶段的目标或最终需求,使投入与产出所获得的收益满足需求方的需要,从而为企业及客户带来价值。

- 第5章,产品概念设计和系统设计。本章主要说明产品顶层概念和系统的设计过程。

  - 如何从文字或其他简略的需求中抽象出整个系统的框架。

  - 如何通过对系统的再次分解识别出满足各项需求所需执行的任务或构成特定子功能的组成模块。

  - 如何设计出更好的系统架构,而非功能模块的随意堆砌。

- 第6章,可行性分析。本章主要说明前期产品系统设计、可行性分析及风险评估的方法、步骤和手段。

  - 对各模块及相应功能进行可行性分析,然后将所有可满足条件的方案进行评估,并给出初步的排列顺序。

- 在项目早期进行建模与仿真，利用仿真结果辅助评估早期的设计方案
是否满足产品需求。

- 评估各项分析方案的风险点，为后面选定方案、制定决策提供依据。

- 第7章，制订设计方案和计划。本章介绍设计方案制订与项目计划决策的
过程。

- 如何从产品系统设计的角度支持团队做出设计方案上最优的决策。

- 项目设计计划的制订及输出过程。

第4章
确认需求和设计目标

产品能够成功交付的前提是有一个明确的目标，并且在达成目标的过程中解决可能面临的各种问题。在执行项目的过程中，研发团队通过项目活动将各种需求转变成设计图纸、代码、单元模块等，并最终提供一个完整的实物产品或非实物形态的各种服务。这些都需要产品设计与开发团队收集且充分理解需求中对技术的功能要求、参数指标等条件，进而识别出有价值的需求，最后确定设计目标，并在这个过程中通过创新的方式将有价值的需求转变成能够交付的技术实现目标。

在产品设计与开发过程中，"创新"已经不再是一个新名词。在实际工作、生活中，创新是个人、企业甚至国家提升竞争力、获得更好的发展所必须实践的过程。产品创新的口号几乎随处可见，但是应该如何进行产品创新，如何有效地实践创新，以及如何解决创新过程中遇到的各种实际问题，特别是跨学科交叉领域的复杂产品创新、开发实践及相关问题？如果对这些问题没有明确与全面的认识与了解，将使个人或企业在创新过程中耗费大量的时间、精力与资源，而只获得有限的价值回报。从职业能力发展或规划角度来说，能够进行产品创新也是产品研发及管理人员必须掌握的知识与技能。

4.1 需求与创新

当谈及需求与创新之间的关系时，或许有人会问："产品需求与产品创新一定有什么关系吗？产品创新能够在满足产品需求方面带来哪些好处？不做创新的产品又将如何呢？"本节将谈及这两者之间的关系。

先来看看什么是需求，需求从何而来，如何把看似天马行空的想法变成文字陈述并转变成最终的产品，然后再谈需求与创新之间的关系。

4.1.1 需求源自生活

产品需求源自人们在不断发展的社会中所产生的对更美好事物的追求，可能为了解决当前面临的各种困难、痛点，包括工作效率、产品性能、市场竞争力、功能需求、身心健康等，也可能为了实现一个美好的梦想愿景或个人的精神追求。例如，人们为了与外面的世界进行沟通与交易，修建各种道路和桥梁；为了满足更多人的住宿要求，建造更多的房屋；为了方便出行而采购汽车；为了解释观察到的各种自然现象而建立新的科学理论，这些都是满足源自生活的需求的典型案例。这里的道路、桥梁、房屋、汽车等就是人们为了满足或更好地满足生活所需而提出的需求，人们有意愿为能够实现或满足这些需求的产品或服务付出金钱或劳动作为回报，通过这个过程不断创造社会价值，并推动社会不断向前发展。

 示例

以下几种需求就是与人们的生活直接或间接相关的。

第一，基于环境保护而对新能源的渴望，如对核聚变的研究、新型电动汽车的推广、节能环保太阳能设备的应用等，就是人们为保护日益减少的非可再生资源、应对全球变暖、实现环境保护等目标而积极探索新替代产品的案例。

第二，对更微观或宏观世界的认识。以半导体的发展为例，人们对于更微观世界的各种原理与规律的认知越清晰明了，就越有可能设计出更加强大的芯片或设备，从而更好地服务于人们的各种工业及生活需要。对于宏观世界的认知仍然体现在对自然规律的探索，从而更好地服务于人类本身，有助于认清自己及认清这个世界。

第三，对于个人内心与外部世界的认识。就人类目前的认知，万物皆有生老病死的规律，在追求外部无限世界的同时，人们也在探寻自己的内心世界，从而产生了各种满足精神文化需求的产品。

如果需求本身在本质上脱离了与人们生活或生产相关的需要，那么这可能不是一个真实的需求，不过是需求提出者的一种脱离当前实际的幻想。当然，这类需求也可能随着技术的发展而在未来某天能够实现，但这不是企业当前需要去追寻的目标。例如，嫦娥奔月是古人的神话与梦想，随着人们对自然的认识不断深入，现代人已经实现了登月的梦想，把神话变成了现实，但是也要条件成熟后才能实现。

4.1.2 需求引发创新

当已有的产品在市场竞争中不能满足实际使用需要，如性价比低、当前的性能或指标落后，就会有新的市场需求产生。为了满足这些新的需求，企业就有了进行产品创新的需要。

示例

当人们在搭桥修路的过程中遇到了新挑战，又没有先前的设计可以参考，就可能采用创新的手段解决问题。例如，我国的港珠澳大桥在建设过程中，面对各种不确定因素，采用了诸多创新技术、方法与手段解决各种实际的工程问题，并创下了多项世界之最。事实上，唯有创新手段才能解决在实际工程设计中面临的新问题和新挑战。创新最终的目的是更好地满足或实现需求。

又如，苹果手机的出现重新定义了手机的概念，让所有消费者重新认识了智能手机，从而在市场上引发销售热潮。正是凭借持续的产品创新，苹果公司一路领先，引领潮流。

以上两个案例都是为满足现实需求而采用创新技术，进而交付各种创新设计的优秀产品。

同样，当人们厌倦了千篇一律的产品设计风格或体验，就会渴望产品的设计团队给出能让他们觉得耳目一新的产品。

需求是提出问题，创新是解决问题，人们总是在生活中不断遇到各种各样的新问题，进而提出各种待解决问题的新需求，而解决这些新问题的方法就是进行各种创新。如图4-1所示，现实中可能首先通过突破性创新的方法找到解决问题的关键点，但是仍然会遇到新的相关问题，需要进行再创新来解决或优化。当某种创新产品量产后，成熟的解决方案会随着时间的推移逐渐改变人们的日常生活，并成为日常的一部分。

图4-1　需求引发创新

引发创新的需求，通常是指在现有市场或技术框架下，无法满足产品设计与开发的要求或当前产品无法满足新市场对产品各种特性的需求，如成本高昂、体积过大、耗电过多、操作不便等。这就有可能需要突破现有的设计束缚，采用新理论、新材料、新方法、新设计架构、新工艺等满足各种需求。例如，当某项新需求所需的设计尺寸超出传统设计范围，就需要用到更大或更小的尺寸设计，这时就遇到了新的问题，需要新的解决方案。从显像管电视与液晶电视的对比就可以看出后者在屏幕尺寸、耗电量及价格等多方面的特性优势。

企业要想获得更大的市场份额或打入一个全新领域的市场，要么把原有产品的成本降低或把某些性能进行一定的提升，要么设计一款满足新市场的全新产品，这些都要求企业的开发团队采用创新的手段。创新的实现方式包括差异化设计、价格竞争力、性能竞争力、满足特定法规、环境无公害等。

复杂问题的开创性解决方案，不局限于当前已经存在的方式与方法。就像开发一款前所未有的新产品，会促进很多与之配套的专用软硬件新工具的开发，而全新开发的工具可以扩展到许多新的探索领域。

事实上，很多时候人们的根本需求并没有变化，只是满足需求的实现方式变化了。既然人们追求的最终目标并没有变化，那么创新就是改变实现目标的方法。如图4-2所示，自古以来，从北京到上海的出行需求一直都是客观存在的，旅客一旦有出行需求，那么无论采用什么方式出行，其核心需求都是从出发地北京到达目的地上海。千百年来，这条出行路线最大的变化是在满足出行需求的前提下提供了更好的出行体验。

基于需求的产品创新是使企业具备市场竞争力的要素之一。无论什么类型的创新，也无论市场竞争多么残酷与激烈，所有这些活动的推动力量都源于市场有真实的需求，满足这些需求能够在短期或长期的市场竞争中给企业带来价值。创新终究是为了在激烈的市场竞争中更好地满足客户的需求。不创新可能可以暂时满足客户的需求，但是当更好、更便宜、更便捷的创新产品出现后，不创新的企业就会被市场无情淘汰。

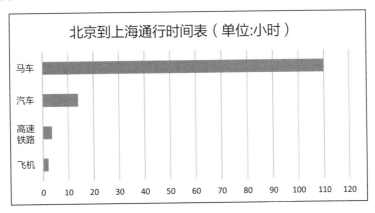

图4-2 创新带来的出行效率提升

4.2 识别有价值的需求

4.2.1 如何收集需求

收集需求是为实现目标而确定、记录并管理相关方的需要和需求的过程。[1]针对如何收集需求，现实中有很多成熟的理论、工具与方法，这方面的书籍也有很多，企业也都根据自身的业务特点剪裁出各种不同的方法与手段对各种需求进行识别。常见的方法如下。

- 问卷调查。
- 客户访谈。
- 竞争对手分析。
- 焦点小组。
- 专家判断。
- 公司产品路线规划。
- 头脑风暴。

- 采用大数据进行收集等。

企业收集需求也需要创新。既有的一些方法必然是大家都知道且普遍采用的方法。当市场处于基本需求大于产品供应阶段的时候，这些收集需求的方法还可以满足企业所需，但是当市场逐渐变成"红海"的时候，没有创新的方法就很难挖掘到真正有价值的需求，所以企业要利用创新的方法突破旧有需求收集方法的局限或束缚，从而更有效地识别和收集有效信息，深度挖掘市场需求，以保持市场竞争力。

收集产品需求的过程也是用来确认产品需求本身可能涉及的领域与范围的过程，产品需求的呈现形式也因产品类型的不同而不同。在初始阶段，需求可能是粗糙的、模糊的，但随着进一步的调查分析而逐渐收敛细化。有些需求在计划完成之时就会定稿（如一些硬件开发产品等），而有些需求在整个产品生命周期都在不断变更（如有些软件需求或网络相关的应用等），因此以下几类问题是在产品需求规划之初就需要考虑或确认的。

（1）潜在市场是否合适？产品需求是否在产品服务的范围内，如果不在，你是否愿意做出新的风险投资？投入产出比如何？

（2）需要满足哪些限制条件，如市场份额、潜在收入范围、产品生命周期、企业相关资质要求等？

（3）需求的主次与优先级如何？主要需求与次要需求是什么？哪些是需要优先满足的？哪些是需要随后满足的？

（4）你的优势在哪里，如品牌、供应商、客户关系、技术、价格、成本、政策、服务、上市时间等？

（5）需求与公司能力是否匹配，如技术能力、启动资金、相关人才、相关产品组合等？

（6）主要竞争者是谁？与之相比自身的优劣势在哪里？他们的策略是什么？已经上市或正在开发的产品的特点是什么？

（7）在什么时间点上市能够满足最好的市场商机？经验预估的时间是否能够满足？

（8）是否合法合规？需求是否符合各种法律及相关行业规范？满足需求的生产条件是否满足安全环保的要求？是否与政府的法规相冲突？

（9）满足需求需要采用哪种开发方式？公司能够投资的范围或资源是多少？

（10）可能遇到的主要风险点是什么，如技术、供应、服务、市场、盈利？应对措施是什么？

随着移动互联网及计算机技术的发展，企业能获取的数据及形式也越来越多，这一方面丰富了需求调查的输入，另一方面难以通过传统方式处理巨量数据。需要采用大数据方式对数据进行有效的处理，从而提取出真正有价值的需求信息。这可以与传统方式相结合，从而提高产品需求的准确性。

4.2.2 如何呈现需求

不同产品领域需求的呈现方式有所不同，但是无论哪种方式的需求，要想与组织内部或外部进行有效的信息传递，都需要采用有效文档记录的方式，通常根据特定行业或公司自身标准格式，以文字记录方式呈现。

1. 需求输入的来源

在软硬件相结合的产品开发领域，产品的需求通常是通过"市场需求规格书"等类似的文档形式有效传递的，每家公司需求文档的内容格式可能有所不同，但是大都需要包括如下几个专业方向的输入，以说明相关参数与指标的具体需求。

1）市场调查人员提出。认真研究市场当前需要什么样的产品，哪些类型的产品更能够得到客户的青睐，更能够满足客户的需求。例如，随着智能拍照手机的普及，大量照片需要存储在云端服务器上，从而出现了个人存储空间租用云端存储市场的新增长点。

2）客户直接需求。客户根据自己的生活、生产需要而提出相应的产品需求。例如，客户提出自己驾驶出租车辆的需求，企业可以根据客户需求提供随时开到手机应用程序指定位置接送客户的出租车，这样客户就无须拥有车辆或在路边招手打车了。

3）研发团队提出。产品研发团队通过技术突破或产品更新换代，提出更能满足现实需求的产品设计与开发方案。例如，团队提出一个新的产品设计架构，能够提升40%以上的产品性能。

4）市场竞争需要。竞争对手推出了更具市场竞争力的产品或要提升自身竞争力，开发新的产品满足竞争需求，为消费者带来更好的产品。例如，竞争对手产品新增加的功能更受客户喜欢，销售更好。

5）公司产品战略规划。公司产品路线图设计的需要，如产品的市场覆盖范围、更新迭代周期的需要等。

6）生产制造工艺进步。新技术或新材料等先进技术为消费者带来更好的使用体验，从而保持产品竞争力。例如，半导体工艺设计达到了更先进的纳米制程，可以使单位面积的芯片放置更多的晶体管，从而提供更强大的产品功能组合。

2. 产品市场需求规格书的形式

在通过各种方式完成产品市场需求规格书内容的收集与识别后，接下来就要整理输出产品市场需求规格书，从以下不同维度对需求进行描述。

- 所设计的产品在公司产品线上的定位，如高端、主流或低端市场。
- 产品的基本及增强功能。
- 产品的配置类型。
- 产品的质量目标。
- 产品的规格、尺寸。
- 产品的主要技术特性及技术参数。
- 产品的性能指标。
- 产品的市场范围。
- 产品的应用环境。
- 产品的使用场景。

1）注意识别隐性需求。针对产品需求，客户可能只提出几点关键而核心的需求，或许就是三五行的文字描述或一张示意图，从而把更多专业技术方面的需求信息留给企业自己创造发挥；客户也可能提出详细的市场需求规格书，复杂的需求条目可以多达几千行。那么对专业的技术人员来说，有了这些需求文档是否就已经足够，可以开工干活了呢？答案自然是否定的！除了需要在早期识别出最初明确的显性需求，还要识别出没有写在纸上或没有明确表述出来的各种隐性需求（见图4-3）。如果没有识别或正确地识别出项目的隐性需求，将极大影响最终交付产品的价值。

如果企业识别出的需求并不是真实的需求，而仅是隐性需求的一种表面陈述，则容易导致误解或指向错误的设计方向。这个需求不能产生价值，从而导致产品失败。因为产品需求在大多数情况下既包括显性需求，也就是明确表述的需求，也包括文字后面的隐性需求的信息，所以能够识别出隐性需求成为产品成功的关键。

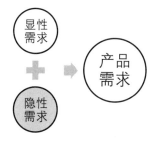

图4-3　产品需求构成

2）如何识别隐性需求。开发团队需要深入调查或与客户直接沟通，识别出没有列举出来的需求，并把这些需求再次通过文字化描述加入文档中。例如，可以与客户进行面对面的访谈沟通，通过现场观察理解客户的使用场景，或者快速提供概念设计图或可简单运行的原型机与客户确认，从而降低忽略隐性需求带来的影响。最坏的情况下，客户也不知道自己到底需要一个什么样的产品，因为认识也是一个渐进的过程。

从产品创新设计角度看待需求的识别，可以收集以下方面的输入信息。

- 产品或产品代表的品牌在市场上的受欢迎程度。
- 专业调查机构对产品过往需求的调查结果（包括历史销量及市场分布等信息），以及对未来趋势的预测报告。
- 客户根据自己实际的生产或应用需要，提出对特定类型产品的需求。
- 新研发的产品对旧有技术的兼容或升级，但是也要考虑市场的接受程度，以及技术在类似产品上的竞争优势是否存在（如再怎么改进蒸汽机车，其适用的场景也是极其有限的）。

结合以上背景进行信息收集，然后对信息进行综合判断，查看收集的各项需求是否与所要设计的产品直接或间接相关。如果没有相关性，就需要评估这是不是一个真正的需求，或者理解层面是否出现了偏差。

3）如何收集最有效的需求。一般来说，直接面对消费者或要用特定产品解决问题的场景，就能够比较明确地识别并收集真正的需求。当然还有一种情况，就是需求方可能并不能直接表达出自己真正想要什么。在这种情况下，需求的识别就变成一个渐进的过程，随着已知问题的解决或满足，识别出更接近最终需求的新需求。

（4）市场需求规格书示例。市场需求规格书既包括市场部门的需求，也包括各种技术人员或干系人的需求。市场需求规格书要包括产品可能涉及的特定专业方向与维度。不同的产品具体的组成维度也是不同的，关键是能够识别出几个最重要的部分，并且由需求团队进行分解与细化，从而形成一份产品开发团队能够理解且可执行的工程文档。

不同的企业可以针对不同的产品特性及参数特点输出相应的市场需求规格书，其内容应该明确体现对产品需求和相关范围的定义。表4-1展示了一种计算机产品市场需求规格书，读者可以通过该表了解市场需求规格书的大致信息和内容分配方式。

表 4-1　计算机产品市场需求规格书

功能单元	单元子类别	市场需求详细描述	需求等级（①必须满足；②建议满足；③可以满足）	产品设计与开发部门反馈				补充
				A 部门	B 部门	……	X 部门	
机器外壳	1.1	支持多种色彩	①	支持				
	1.2	免除工具拆装	②		支持			
	……							
供电与制冷	2.1	220V 交流输入	①				支持	
	2.2	液冷散热	③		支持			高配
	……							
处理器	3.1	X 型号处理器	①				支持	
	……							
内存	4.1	四个内存插槽	①		支持			
	……							
存储	5.1	PCIE 接口硬盘	①				支持	
	……							
外部接口	6.1	四个 USB 接口	①				支持	
	6.2	外置网口	③				支持	增加成本
	……							
其他功能	7.1	硬件平台加密	①				支持	
	……							

以下对该市场需求规格书进行说明。

- 功能单元。对产品功能的大致分类，如机器外壳、处理器等。
- 单元子类别。对功能单元中相关功能的细化。
- 市场需求详细描述。对市场具体需求的详细描述。
- 需求等级。针对市场需求的等级包括以下三个。
  - 必须满足（如果不满足就会失去客户）。
  - 建议满足（希望未来可以满足，如果不满足就会失去一定的潜在客户）。
  - 可以满足（如果可以满足就会吸引更多的潜在客户）。

划分上述三个等级的目的是让团队在项目资源或技术能力有限的情况下，集中精力满足最重要的需求。

- 产品设计与开发部门反馈。在可行性评估后，针对具体需求是否能够满足，由相关领域的技术专家进行确认。
- 补充。一般是对上述几项内容的补充说明或备注信息。

通过市场需求规格书，后端的产品开发团队可以比较清楚地了解市场对产品的需求是什么，从而大大提高产品市场前端与工程后端沟通的有效性。表4-1只是一个简单的格式与内容的示例，在实际的项目中，市场团队和产品设计与开发团队可以根据具体情况共同制定一份方便内部沟通的市场需求规格书。

实战分享

在很多情况下，"需求"其实是对很多细节的抽象化表达。更多时候，具体的需求还需要整个团队各领域的专业人才共同进行细化与识别，因为需求之间可能相互矛盾，或者只有特定领域的专家才能给出细化具体需求的说明，这也说明了需求的文档化过程是需要整个产品设计与开发团队共同识别并确认的。

4.2.3　确认有价值的需求

1. 需求的短期与长期价值

需求价值可以分为短期与长期价值。对于短期价值，需要关注当下主流的产品特性及其实现的难度、付出的成本、可获取的收益，以及从长远来看，满足短期收益的需求是否会损害长期的价值实现，以及创新产品的其他方面。总之，杀鸡取卵的事情是不能干的。

决策的制定者或开发团队需要有长远的眼光，不仅要看到眼前的明显需求，还要看到长期目标或长远价值实现的需求，也就是说，当前的投入不仅为了当下的经济收益，还要为更长远的经济收益做好伏笔与铺垫，从而在时间跨度上取得最终的竞争优势。从时间维度来看，需求能否带来效益、提升效率、增加效用，是判断一个产品需求是否有价值的主要参考标准。

2. 筛选有价值的需求

在项目开始的早期阶段，产品开发团队会收集来自各方面的各种需求，但并不是所有需求都是有价值的。满足需求的目的是需求本身能够产生足够的社会价值，被消费者所接受或间接对消费者产生不可或缺的价值。花费精力去创造对社会没有价值的产品或附加功能，对社会或企业来说就是一种资源的浪费，所以要避免执行那些没有价值的需求。

简单来说，有价值的需求就是客户愿意为这些特性买单的需求，并且开发这些需求所需要承担的风险及投入的资金是要满足当初立项阶段的投入产出比的。当然，这些有价值的需求最重要的是技术上可以真正实现，并且确保风险控制在可承受的范围之内。筛选有价值的需求的条件如图4-4所示。

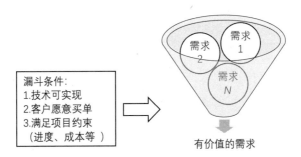

图4-4　筛选有价值的需求的条件

有价值的需求是在需求识别的过程中确认的。有些需求并不是一开始就能够被完整、准确地识别出来，而是在实践的过程中，在不断解决问题的过程中产生了新的问题，于是产生了新的需求；在反复的迭代过程中逐渐对最终需求的实现有更清晰的认识，并且持续判断需求是否有价值。所以，需求识别可能是一次性过程，也可能是持续的过程，实践价值可以一次性完成，也可以分阶段完成。例如，盖房子就是要一次性完成，而计算机软件功能的实现却可以通过多次发布新版本来逐渐实现有价值产品或服务的交付。

对于不断变化的需求或在项目开始阶段无法明确的需求，针对变化部分也要持续与客户交流，并且及时得到有效的反馈，以确保阶段交付的需求是有价值的，最终的产品交付能够满足客户的需求。

实战分享

在软硬件相结合产品开发领域，每个具体的需求都应该满足客户对最终需求的期望。在分析每个具体需求时，要追溯这个需求与满足客户实际需要的关系。例如，一般产品包装内都附有一份简洁明了的产品说明书，产品说明书的目的是引导客户快速掌握产品使用方法，从而间接节约额外的客户服务与培训费用。如果把产品说明书这个需求删除，那么产品上市后就有可能遇到大量客户投诉或该产品占用大量客户服务资源的问题，无形中增加了企业后期维护的成本，影响了产品的客户体验。这也说明了产品使用说明书这项需求的价值。

又如，关于电源电压输入范围的制定，如果仅仅考虑中国大陆地区，那么需求范围定义为220V就能满足需求，但想用一款电源满足世界大部分地区销售的需要，就要改变需求范围为100~240V。显然，两款电源的设计、制造及认证等需要都是不同的，成本也就存在差异。如果产品的销售范围仅定义为中国大陆地区，那么显然中文说明书和220V输入的交流电源就可以满足需求，多余的相关需求，如支持其他语言或电压输入范围就价值不大了。

3. 敏捷环境中不断变化的需求的应对方式

对于需求不断变化、风险大或不确定性高的项目，在项目开始时通常无法明确项目的范围，需要在项目期间逐渐明确。[18]在这种情况下，就要采取更灵活的方式来处理，如敏捷方法，即通过快速迭代或特定的流程来交付能够使用的产品，并及时与需求方及客户进行确认，从而进一步明确产品的需求与范围。

实际上，部分产品需求是客户与产品开发部门的专家共同逐步识别出来的，这需要整个内外团队的共同参与。

实战分享

在需求识别与评估过程中，如果发现定义不清楚，就要找专家问询。不是需求写了什么就接受什么，不懂的或觉得不合理的需求要尽量咨询清楚。

例如，某个产品需求中旋转振动测试标准定义得不够详细，但是系统工程师或产品设计架构师对这个领域不太了解，没有与相关领域的专家确认，就草率地按照常规测试进度与资源投入进行了评估判断，导致后面的测试周期延长，以及测试费用增加。

解决上面这类问题的办法就是在项目早期遇到不清楚或不明白的需求，应该及时找到相应的内外部专家，让他们根据专业经验判断需求是否有遗漏、不合理之处，还是有其他设计的考虑等，这样就不会在交付的评审阶段发生各种纠纷，从而影响最终的验收交付。

4.3 | 确认设计目标

目标设计如同在出发之前就已经确定目的地为罗马。知道去哪里比采用什么方式到达更重要！

在项目开始的时候确认项目目标是项目成功的关键。那么在需求并不是那么明确或还在变更的项目早期，应该如何找到正确的方向，设定正确的目标呢？

企业产品创新的目标可以分为以下三个层次。

1）企业存在的使命目标。这是顶层目标，即为客户创造价值、为企业带来收益、求生存及可持续发展的目标，如腾讯公司提出的公司使命"用户为本、科技向善"。

2）企业产品战略目标。例如，企业关注的技术领域在哪个范围，包括技术范围、产品服务范围等；企业是否有能力识别有价值的需求，所具备的各项能力是否能够满足潜在的有价值的需求。企业战略是专注于特别的市场并满足这个市场的各种产品需求，如可口可乐公司专注于饮料市场，并开发出一些饮料来满足各种客户的需求，如无糖可乐及含糖可乐等。

3）企业创新产品的设计目标。围绕企业自身优势及过往成功的产品经历制定特定相关产品的设计目标，如开发特定型号的计算机。

结合上面三个层次的目标，对相关产品的需求目标进行思考，就可以明确一个企业产品创新的业务范围，从而为需要设计的产品制定一个合理的目标，进而在战略方向层面保证产品创新设计方向的正确性。当然，即便设定了完全正确的目标，也不能保证产品一定成功，因此企业要对外界环境变化具备足够的适应性，时刻关注外界环境变化，并能根据应对变化的执行方案及时调整企业的产品或战略目标。

💡 **示例**

唐僧师徒四人前往西天取经，其顶层目标是如来在《西游记》第八回所说的"我今有三藏真经，可以劝人为善"，换句话说就是"求取真经，弘扬佛法，以救众生"。到达西天求取真经则是一个战略目标，克服取经路上的每个苦难则是具体的执行目标。在顶层目标之下，遇到的困难都是在实现目标的过程中遇到的具体问题，需要克服困难并解决问题，才能到达终点。

4.3.1　设定目标

1. 目标关注最终结果

目标的正确性是决定项目是否真正满足客户各项需求的关键。目标引导着产品开发团队朝着一个正确的方向前进，但是具体怎样实现目标则需要团队发挥智慧。顶层目标的设定对项目的最终成功起指导作用，基于有价值的需求设定产品创新开发的目标，相当于给团队设置了一个明确的靶心，保证在任何情况下团队都能保持正确的方向。设定目标的参考原则如下。

1）目标应简单、清晰、明了，容易让人记住。例如，在开发阶段，可以赋予产品一个具有多层含义的名称，可以是地点、神话人物、江河湖海等。这样可以使人们在实现这个目标的时候有一个愿景，愿意为之付出而获得成就感。这个名称还能起到隐喻的作用，如中国探月工程项目就采用"嫦娥工程"这样一个名称，隐喻项目的目标一定能够实现。

2）目标实现的时间点应达成共识，交付产品的核心思想也应简单明了。这不但可以激励产品开发团队，更能让大家朝着一个共同的方向前进。

3）目标应与企业发展战略相匹配，最终实现企业盈利、客户受益的双赢。一个好的目标在项目开发过程中能够起到激发团队创造力及积极性的作用。

4）目标的理念应及时传递给产品开发团队，如高质量、高性能、更好的拓展性、更强大的功能、兼容未来的设计理念等。

2. 识别需求与设计目标之间的差距

产品开发团队充分利用现有技术、方法或手段来满足产品需求，才是需要达成的设计目标。在识别出有价值的需求后，还要确定企业是否有各种资源及能力来实现这些需求，确认这样的设计目标是否能够给企业带来足够的回报。如果应用现有的技术与手段不能给企业带来足够的价值，那么这个设计目标就是应该放弃的。

如图4-5所示，市场需求与企业目标的交集才是需要执行的设计目标。

如果设定了宏大的目标，但是没有资源及能力去实现这样一个目标，那这个目标也犹如镜中花水中月，不会得到任何有价值的结果，是没有意义的。

在有价值的需求目标过多的情况下，就要再次对有价值的目标进行收敛与分级，也就是要对目标实现的先后顺序与重要紧急程度进行定义，这样可以阶段性地去实现目标，并且持续改进，给客户带来价值。或许我们没有办法一口气登上珠穆朗玛峰，但是我们可以分阶段一步一步来实现这个宏伟的目标。

图4-5 市场需求与企业目标的交集

与最终目标相比，短期目标的实现则显得更有意义，更有成就感，所以需求与产品创新执行期间可能有一个时间差或阶段差，但是这个阶段差的存在并不意味着可以不关注最终目标，因为一味关注短期目标可能导致失去正确的执行方向，从而偏离正确的方向。

1）需求目标收敛的过程。产品设计与开发目标可以分为短期目标和长期目标（最终目标），短期目标是当下要实现的项目需求，长期目标是最终完成项目并给客户及企业带来价值。

针对需要实现的目标，应确认采用什么样的方法论、什么样的执行步骤，选择什么类型的团队成员及项目执行的具体进度计划。

如果项目开始时提供的需求不是非常简单明了，就要对需求进行分析，并且通过一系列收敛过程得到最终的真实需求。针对不同的项目类型，目标收敛的过程是不一样的，主要包括以下三种。

（1）前期需求比较明确的项目，可以在项目的初始阶段就收敛设计目标。例如，客户想要一款口味不变，但是颜色是红色的柠檬汽水。

（2）在项目计划完成之前才能完成收敛。需要在项目立项之初就与客户进行需求确认，最后逐步收敛，并且在项目计划完成之前确认最终需求。

（3）在项目执行的整个过程中目标持续变更，逐步满足客户的各项要求。在每个项目快速迭代的环节完成目标价值的交付，前期交付的结果可能与后期交付的结果不一样，但是交付的价值是一样的。这样的项目可以考虑采用敏捷开发方法，采用增量与迭代的方式逐步交付需求，并且及时得到客户的反馈，从而更加明确需求。

在目标收敛的过程中，针对不同的项目类型，团队需要采取的产品开发方式可能有所不同。有的是开始就能明确所有需求，有的是一次迭代只能确认一次需求，所以要根据项目类型及开发方式的不同，采取相应的决策方式，以便确认不同情况下的设计目标。

现实中，产品的需求不是一两行文字就能够描述清楚的，而是需要从多个方面进行分析及收敛。有些顶层需求，如果从不同的维度分析，就会发现有多种约束条件，所以需要平衡各种需求输入的条件，以便达成可实现的目标。

2）实现目标的企业能力约束条件。

（1）人力资源。是否有足够的人力完成这个项目，包括各领域的专家型人才及开发测试人才等？

（2）资源整合能力。是否能够整合足够的资源实现目标？

（3）技术条件。企业的基础设施或技术能力是否满足新需求的需要？

（4）开发周期。预估的产品开发周期是否满足产品上市时间的需要？

（5）开发预算。是否有足够的预算满足产品开发的需要？

（6）物理条件。产品的尺寸、重量、装配方式等。

（7）环境条件。产品应用的各项外界环境的定义。

（8）抗风险能力。企业执行项目时能够接受什么样的风险。

（9）接口设计。人机接口、物理接口、通信接口等。

3）如何缩小真实需求与设计目标之间的差距。如图4-5所示，在现实中应该如何实现既满足更多真实市场需求，又切合企业目标，从而获得产品设计目标的最大交集？这就需要思考如何在多种约束条件下实现客户与企业的双赢，尽量满足客户需求，并且企业获得合理的收益。但这并不是一个容易达成的目标，因为客户的需求同样有进度、成本与范围等的约束，总是希望以最小的代价获得最大的满足，而企业同样希望以最少的各项投入获得期望的收益。这就需要找到一个平衡点，但是这样的平衡点并不是固定不变的，而是在市场存在竞争的前提下动态变化的。

在实际的产品需求和企业目标实现的过程中，企业需要付出资源、人才，承担投资及技术等方面的不确定性带来的风险，在保证特定收益的前提下决定是否满足各种真实需求。在实践过程中，"收益"要从战略的角度进行考虑，而不仅仅局限于当前的产品或客户本身。所以可以从以下两个方面考虑缩小真实需求与设计目标之间的差距。

（1）从客户角度。

- 针对自身实际的痛点或真实的业务需要来明确各项需求，收敛需求的有效范围。

- 对期望的需求有合理的投入预期，如通过多方竞标、市场调查等手段进行评估。

- 提出的需求存在社会共性，也就是提出的需求以一定的市场规模为支撑，提升自己议价的空间等。

（2）从企业角度。

- 提升自身的各项能力（市场、技术、生产、营销、抗风险等），最大限度地满足有价值且有收益的需求。

- 站在整个市场的高度理解需求，而非从单一的客户角度理解"收益"。
- 提升单次投入的长期获利，如研发实现某项特殊功能的模块，可以将其应用到未来的产品中。
- 从投资组合的角度满足市场需求，满足特定的市场需求本身是为更大的企业战略收益目标服务的。
- 在满足需求的市场竞争中，有效地降本增效，获得产品竞争优势等。

3. 设定目标需要进行科学决策

在需求提出的初始阶段，需要根据应实现的目标确定采用什么方法进行有效的决策，谁来输入需求，从什么角度获得有效的需求。

科学决策就是充分利用当前已有的各种信息、各领域专家的风险判断，结合决策者过往的项目经历，以及对项目整体目标与风险等级的判断，做出对未来所需执行目标的活动决策。

决策的结论并不是不可以变更的，而是根据实际情况及外界环境的变化随时判断与评估的。科学决策不是瞎猜，而是在合理的科学统计之下权衡利弊得出结果，并且对结果可能产生的后果给予充分评估。

决策以交付价值为导向。产品创新的目的是创造价值以满足需求，同样，满足需求的产品最终目的是向客户交付价值。如果没有正确识别需求，或者产品本身虽然设计制造出来了，但是其品质或质量不能满足客户的需求，那么交付物对客户来说就没有价值。另外，或许市场上能够满足客户需求，给客户带来价值的产品有很多，那么这些产品之间就会存在竞争，最终谁更能给客户带来有意义的价值，谁的产品就会在激烈的市场竞争中胜出。在这种情况下，谁能够以最小的成本或者说更大的互惠优势获取客户的青睐，谁就能够获得更多的市场份额，从而反哺企业自身，形成一个正向循环。降低成本、增加产品可靠性及加快产品上市都是价值的体现。

4.3.2　定义需实现的目标

在创新型产品项目执行的过程中，作为创新型产品设计的最高纲领性文件，无论采用哪种开发方法，都要把需达成的目标明确记录下来，这样在各种内外部的沟通过程中，就会避免误解或歧义。

市场需求规格书这样的文档可以把具体的需求通过文字方式清晰且明确地表

述出来，并对其中每项具体的需求按照当前的限制条件进行合理的优先级排序及重要等级排序，以便让团队在执行过程中能够根据开发进度及实际情况处理。

顶层需求文档是与后端开发部门进行沟通的最重要的文档，具有明确的需求和项目范围，能够起到约束当前阶段项目开发范围的作用。在创新型产品开发过程中，这些文档的内容可以由市场分析人员、产品架构设计师、采购供应团队等编辑，以便从不同的专业角度保证需求信息的正确性，进而保证设计目标的正确性。

有些更直接的目标就是一个大目标的分解，如为满足市场要求而开发一套全新的产品，为了满足这套产品的测试，就需要创新开发一套市面上并不存在的测试设备，这套测试设备的开发就需要进行产品创新设计。

定义了需达成的目标并不意味着所有相关的工作已经完成，还需要考虑以下两点。

1. 对需达成的目标的审核

完成了需求的识别、设立了项目执行的目标，都是为了确认是否存在一个有效的商机，但是这个商机是否需要投入，是否需要动用资源去实现，是否可以满足市场对产品的需求，最重要的是，是否有足够的商业驱动力来推动企业投入各项资源及承担各种潜在风险，就变成了一个综合的决策过程，要考虑的不仅是技术领域，还包括企业其他部门的各专业领域。同样，仅有产品创新设计的优势，并不意味着这样的项目一定能够被企业的决策层从更高层级的战略层面批准执行，还要从更多方面进行综合分析与判断。例如，供应链的供应条件是否满足，是否有足够的预算或资源来支持这样一个创新设计的需要等。

对于软硬件相结合的复杂产品设计与开发，确认明确的设计目标是保证项目成功的必要条件。特别是复杂产品的设计，在产品设计与开发过程中，有硬件设备的开发，有固件程序的设计，也有纯软件模块的开发，整个系统可能是多个模块与架构的整合过程，所以设计过程非常复杂，所需投入的人力资源是巨大的，各种资源的成本也是非常高的。所设计的产品既可能是一台需要定制的设备，也可能是大批量生产的产品，所需考虑的点非常多。但是越是这样的产品，其顶层的产品设计与开发目标越要明确且简单，犹如地图上的一个地标，那就是我们要到达的地点或需要用实际行动来确保成功的理念。在软硬件相结合产品的设计过程中，其创新的过程是复杂的，但是目标是单纯的，就是满足客户的需求。

2. 产品生命周期管理

一个产品从上市到停止出售，再到售后服务停止，从产品生命周期来看，可能需要多年持续供应或维护，而这段时间里构成产品的各种单元部件、电子元器件、材料等，都可能出现因供应商产品更新或换代而中止供应的情况，所以一个产品还涉及新物料、新元件的不断更新替代、测试验证等问题。在设计之初，就要考虑对产品整个生命周期可能涉及的各种供应目标环节的管理。

本章小结

1. 需求源于生活并引发创新。
2. 企业应执行能力范围内的需求。
3. 目标可以分为三层，目的是引导团队最终交付满意的产品。
4. 客户愿意为之买单的需求，才是有价值的需求。

第5章
产品概念设计和系统设计

5.1 产品概念设计

　　概念的产生源于人们为满足新的需求而对已知事物进行的再抽象、再组合或迁移的应用。例如，计算机的发明，最初仅为了满足弹道计算的需求，但现在计算机已经普及到各行各业，结合互联网及各种应用软件，大大提高了各行各业的效率。这个案例说明，产品概念设计的目标是围绕满足大众的需求和提升社会生产力的需求，进行各种相关的抽象应用，从而提出各种新的产品应用概念。

示例

　　早期计算机以穿孔纸袋的方式输入输出，后来使用磁带输入输出，再后来使用鼠标、键盘与显示器输入输出，这些都是把当时先进的输入输出技术整合到计算机领域中，方便计算机与人进行有效沟通，所以概念设计也是一个不断发展的过程。

　　产品概念指的是，根据市场需求规格书等文档对各类需求定义的产品规格、范围、功能、特性等，通过精简文字化、逻辑图、流程图或3D可视化模型等方式进行概要的抽象描述。[17]产品概念设计是产品概念定义阶段中的一个重要执行过程。产品概念设计是介于产品需求与产品详细设计之间的一个重要环节，主要将产品需求过程中的关键要素进行简单抽象与可视化处理，从而帮助产品设计与开发团队更方便、更快捷地进行内部及外部的沟通。从产品设计与开发角度来看，跳过中间的其他环节，产品设计与开发可以简化成以下过程：产品需求→产品概念设计→详细设计→原型机→工厂批量生产。

产品概念设计源于产品设计与开发人员基于产品需求而发挥其强大的抽象能力、想象力及联想能力，最早的阶段可能只是在草稿纸或白板上面对需求中的关键参数或功能勾画草图、框架或逻辑实现流程，并在旁边写下一些简要的陈述，从而把客户关心的最核心的需求勾勒出来。经过不断完善，最终设计出产品的主体框架或核心的逻辑流程，同时定义出整个产品的关键构成要素，并通过这些核心要素的交付，给客户带来真正的价值。

在产品概念设计过程中最好先简要回答下面三个问题，以便快速抓住核心要素。

- 哪些问题或需求需要从技术层面上解决？
- 应该通过什么样的技术手段解决这些问题或满足这些需求？
- 你对解决这些问题的方法或方案的客观分析和直觉如何？

产品概念设计是根据文字描述的产品需求，采用诸如图形化、流程图或3D可视化模型等方式对关键要素进行整体抽象表述的一种方式，能够让沟通对象快速从整体上理解要设计的产品。

 示例

计算机的概念设计可以用方框图的方式来呈现，方便进行有效的沟通。同样，计算机的创新设计也可以在原有的方框图的基础上进行，如设计更大的缓存、集成更多的处理器内核等。

例如，现代计算机结构大多是基于冯·诺依曼结构或哈佛结构设计的，可以以方框图的方式描述冯·诺依曼结构及哈佛结构的区别，易于沟通对象理解。如图5-1所示，我们可以比较清楚地看到两个结构的主要差异。

（1）冯·诺依曼结构是将程序指令和数据合并在一起的存储器结构，并且程序指令或数据的读取是在一条总线上分时进行的。

（2）哈佛结构使用两个独立的存储器模块，分别存储程序指令和数据，并且有各自专用的总线，由于两条总线彼此不关联，所以读取效率更高。

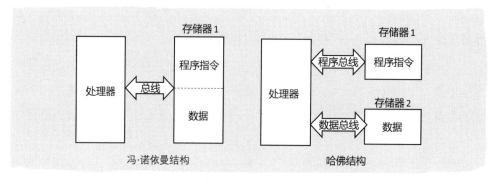

图5-1　冯·诺伊曼结构与哈佛结构的区别

5.1.1　如何从需求抽象出概念

如第4章所述，需求源于生活。现实的概念设计更多地从生活中获得启发，有的是想象力的发散，有的是联想能力的发挥，也有的是创造性的体现，如观察飞鸟而发明飞机；计算机为了满足实际工程的需要而从最早的十进制计数发展出后来更加精简高效的二进制计数。

收到市场需求后，开发人员会根据所掌握的知识或信息进行产品概念的设计。或许一个好点子的诞生就是大脑中的灵光一现，所以要用各种工具将其记录下来，然后与团队成员讨论，从而找到更好的概念设计。

从需求到概念的开发过程，可以参考自然存在的事物进行类比抽象，还可以基于客户需求进行设计。如图5-2所示，客户想要一款能够实现在天上自由飞行的产品，那么基于当前的可参考设计，开发人员头脑中或许有图中所示的几种能够满足这个需求的概念，它们各有优缺点。通过简单的抽象产生基本的概念，并把这些概念与需求进行确认或比较，从而得到更接近真实需求的结果。

图5-2　满足飞行需求的概念设计

类似的案例还有飞机的原型概念源于天上的飞鸟、雷达的原型概念源于人们对蝙蝠的研究、现代火箭的原型概念源于中国古代发明——火箭。

采用框架图或流程图等以图形进行表述的方式，更容易让人们理解产品需求并进行有效沟通，如随时间变化的逻辑框图、随数据流变化的逻辑框图、随时间变化的流程图等。

概念设计过程可以参考如下简化的步骤。

- 深刻理解产品的需求，找出关键的核心问题点。
- 检索当前已有的方案或成熟方法，包括专利、文献、竞品分析等。
- 采用专业的术语和通用方式表述相关的概念设计或解决方案。
- 小组讨论或头脑风暴。
- 写下实现需求的关键点或画出表达概念设计的结构草图。
- 与客户或团队共同验证概念设计。
- 输出正式概念模型或方案。

产品概念设计是对需求进行不同维度的抽象。在接到早期市场需求时，相关领域专家就需要共同参与到产品概念设计过程中，从自身的专业角度出发对需求进行分析，通过不断更新升级产品设计规格书的方式细化需求的实现细节，从而更加深刻地理解需求，最终生成客户真正需要的概念。

产品概念设计阶段要求团队关键成员参与到早期的产品创新设计过程中。针对不同的产品设计需求，开发团队在分析产品需求或提出需求时就应该决定需要采取什么样的方法来满足需求，或者说至少要提炼出这些产品需求需要遵循的原则。在这个阶段需要参与需求分析的人员包括技术架构师、领域专家、市场人员及项目经理等。

5.1.2 产品概念设计收敛的原则

产品概念设计是基于需求及目标输入前提的一个逐步收敛的过程，在各种外界条件制约下对各种主要的原则目标、边界条件、衡量标准进行确认，通过逐步收敛的方式获得目标概要的关键点。

产品概念设计收敛的原则包括如下几点。

1）提取涉及产品本身的各方向上的关键参数，同时对可能的设计方向及实现方式进行合理的假设与想象，为开发团队留出足够的发挥空间，进而创造出更好的设计来满足各种需要。

2）凭借直觉获得的概念，源于大脑对已经存储的事物与当前需求进行的思考，从而产生新的组合，并通过实践来验证新的组合。这种概念的形成源于大脑可以并行运转，立体地将所有概念投射在思维中，再间接地通过计算机输出。这是一个思维相互启发的过程，在已有基础上结合过往的知识产生新的组合。实际上，还可以综合使用多种方法进行创造性的设计。

3）采用迭代的方法确定产品概念。有时概念的确定不是一步就完成的，而是一个反复迭代的过程。可以通过与客户或团队沟通获得反馈，从而确定最终的设计概念。图5-3通过示例展示了最初的需求与最终产品概念的生成过程。

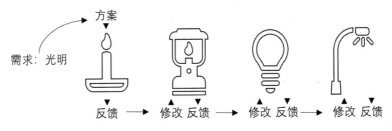

图5-3　采用迭代的方法确定产品概念

可见，产品概念设计是产品开发者进行的有序的、主动的创新设计的活动，将产品需求抽象，并且为后面的具体产品设计与开发及交付提供了一种沟通方式。沟通方式可以是可视化的方式，也可以是文字逻辑推理的过程，这些方式能够比较充分地体现出包括产品价值的关键信息。

实战分享

产品概念设计本身可以超前，但是不能超越技术原理或相关开发者所具备的能力，所以在进行概念设计时需要开发团队资深人员参与，以便保证无论是在专业技术领域，还是在市场需求方面，都能够满足产品设计的需要。这样可以有效地避免无法落地的设计概念产生，给后面的产品设计带来困难，导致概念设计过程往复。

5.1.3 产品概念设计过程

1. 创新产品概念的产生

产品概念设计，关键在于产品。产品是直接服务于人的，设计产品不是科学研究，投资者希望产品本身能够尽快产生价值，后面才能持续更新与迭代，推出更好的产品。所以概念设计在现实中最好有一个可以比较的参照物，从而通过比较让人们愿意为概念设计的产品或服务买单。

如果在产品设计与开发过程中，仅仅采用旧有的设计进行简单组合或按部就班地执行，没有创新的成分，那么注定满足不了客户，很容易被市场淘汰。要解决复杂的问题或制订开创性的解决方案，就要在概念阶段突破一些固有的局限，设定一个相对高的目标，并激励产品设计与开发团队接近并实现这个目标，从而达到超越过往产品设计与开发成就的目的。

概念的创新可以说是引导整个产品创新设计的关键环节，提出全新的产品设计或架构的概念，可以对未来产品的成功起到决定性作用。好的前期概念设计直接影响产品后期的成功交付。虽然在这个过程中，产品的框架或细节会有些许变化，但是主要的核心思想和架构一开始就确定了，所以概念的创新是整个产品创新的源头，可以说决定了创新产品最终的方向，并铸就了这个产品的灵魂。在这个过程中，以下几点有助于产品设计与开发团队创造出创新的概念。

1）抓住产品目标及体现产品价值的核心需求，并尝试运用新的理论、方法、科研成果等进行突破性的创新。可以从大的原则框架或方法论上进行突破性的创新，如冯·诺依曼提出的计算机结构。

2）产品概念设计要能落地。不同于纯粹的科学探索，产品概念设计要求该产品最后能够实现大批量生产交付，而不仅仅是一个产品概念的交付，所以概念最终要能真正落地，能够利用已经掌握的技术、方法或手段等在特定的投资额度与期望的进度时间之内交付。

3）广泛收集当下的相关信息。形成概念的过程实际上是启发式的，在确认需求或为突破现有设计而冥思苦想的时候，产品设计与开发人员不要拘泥于当下已经掌握的技术或信息，而要广泛收集最新的设计资料和市场信息，以便从中获得新的设计灵感。

4）分析竞争对手。创新可以在已有产品的基础之上进行，但是容易导致闭门造车；也可以对比竞争对手的产品，这样就可以直接在产品特性上与竞争对手对标，进而提升产品竞争力。所以，对竞争对手已有产品的特性进行分析，并且在不侵犯他人设计权利的前提下有所创新，也是产品创新的一种方式，这样更有利于创新者知道原有设计的不足或采用更好的方式实现创新，从而设计出有竞争力的概念产品，使产品在早期的产品概念设计阶段就可以胜出。

实战分享

　　一般来说，竞争对手的产品分析是由产品设计与开发团队中专业背景不同的人员负责的，从各自的专业角度出发进行综合分析，并与自身产品或计划设计的产品进行相应的对比分析，从而得出相应的优势及劣势分析结果。竞争对手的设计优势可以在不侵犯专利权的前提下合理借鉴，其设计劣势要考虑为什么这样设计，以及这样设计存在哪些局限性或哪里有不成熟的地方，如果自己的设计更加先进，则考虑从产品营销宣传的角度加强卖点。

---

2. 产品概念设计的输出

　　产品概念设计本身不能超前到当下人们不能理解的层面，因为那样也违背了产品概念设计的初衷：方便理解与沟通。如果连产品概念设计都不能被客户或团队成员所理解，那么很大可能产品开发出来后也不被人们所接受，因为概念设计本身也要显示出计划设计的产品与当下已有设计相比具备的突出优势。产品概念设计的输出是把由文字描述的需求转化为更容易让人们理解的流程或图像等概念设计的表述方式，是产品设计与开发过程中重要的中间交付物，如果概念设计的输出能够得到早期的及时反馈，是很有参考意义的。所以，概念设计的输出结果还是要采用大多数人能理解的方式，也只有这样才能使创新的产品首先被人们理解，进而被人们接受，也才能真正地产生价值。

　　产品概念设计最终还是要输出客户或团队满意的设计，在可能的条件下多输出几个不同的设计，为了获得最优设计，甚至可以采取"赛马"机制，也就是几个团队共同针对相同的需求提出各自的方案，从而在更多的竞争可能性上给出更好的产品概念设计。

　　下面以软硬件相结合产品概念设计输出为例详细说明。

在软硬件相结合产品的设计过程中，概念设计在早期阶段是为了满足产品关键需求而进行陈述或表达的，产品架构设计师或开发团队的各专家会抓住需求问题中的最主要的部分，通过采用简化的需求实现流程或运用3D建模的方式抽象出核心框架等方法来描述需求的主要逻辑或结构框架，与整个团队进行有效沟通。团队成员对于不同专业的细节部分无法非常精通，但是对于通用的顶层抽象设计，更容易理解彼此之间需要进行有效沟通的部分。

软硬件相结合产品概念生成的几个可能来源如下。

- 参考市场上已经有的先创产品，其代表了某个产品领域的标杆。
- 科学理论获得了新的突破，可以通过技术转化为产品落地，能更好地服务于大众。
- 产品本身更加智能，能对复杂事物及不同场景更好地进行自动处理，可以进一步取代人力，如自动驾驶技术的进步。
- 突破现状的需求，从各种可能的方向入手。
- 新的功能或模块的组合方式，带来新的感官体验。
- 对于现有设计的不满足，引入新的设计理念。
- 软件与硬件行业理念的交叉互用。
- 尝试另一种实现方式，如基于特定平台的拓展设计。

对于软硬件相结合产品的开发，随着硬件技术的不断发展，更加强大的硬件平台会使软件定义硬件的技术潮流与概念设计更加普及。当然，具体还是要根据实际需求与用户的使用场景进行分析，因为在需求不同的情况下，实现的方式与方法可能是不一样的。

概念设计始终关注需求中最核心与关键的性能、功能特性、特别参数的要求等，采取抓大放小的方式进行产品高层次的抽象设计，使产品设计与开发人员与客户都能够对所设计的产品有更深入的认识。概念设计交付的结果可以是3D的图像、设计方案的框图、采取的技术手段或文字描述的功能组合，最终还是要满足产品的设计需求。

示例

客户需要开发一套专用的测试设备，既有硬件测试单元的开发，又有软件人机接口设计及功能逻辑的实现，产品概念设计阶段的参考步骤如下。

1. 在充分理解产品需求及设计目标的前提下，抓住测试设备的关键功能，将其作为概念设计的核心。

2. 通过框图的方式给出实现基本功能所需采取的科学原理与方法，再结合对需求参数范围进行初步估计的结果，得知所需设计产品的大概框架。

3. 考虑所需实现功能的测试范围，包括待测物的数量、体积、各种环境要求等，画出展现产品整体大致形状的3D外框。

4. 通过以上活动，从功能逻辑实现到物理尺寸及安装步骤等都有了一个基本的概念，在呈现给客户或内部团队的时候，将非常容易沟通，此时无论是客户还是内部团队都会对需求有更深刻的认识，也为下一步的系统设计奠定了基础。

5. 在以上活动的过程中，也能够通过与执行团队的沟通，整理出产品开发所需的成本、进度范围、人力资源等参考数据。

3. 产品概念设计的筛选

在完成产品概念设计后，需要对产品的各种概念设计结果进行初步排序与筛选。产品设计与开发就是一个由粗到细，由模糊到清晰，由纸面概念到实际产品的一个渐进实现的过程。

如前所述，无论是多个团队共同设计，还是采用所谓的"赛马"机制，针对产品需求创造出来的多个产品概念设计方案，最终都需要一种方法或机制进行合理的筛选，并且确定几个优先的方案。可以采用如下几种方式进行筛选。

1）在概念设计过程中逐渐淘汰择优。

2）采用客户筛选的方式确定最终的产品概念设计方案。

3）专家团队讨论，由业内专家进行投票，决定选择哪种产品概念设计方案。

4）根据关键参数决定论确定最终的产品概念设计方案。产品需求可能已经包括了客户最关心的核心价值的参数或特性，概念设计过程如果能够更好地满足需求，或者在某些关键的参数上有突破性的概念设计，都将极大地影响筛选的结果。

5）在概念设计的过程中也可能出现产品概念设计方案只有一种的情况，这也就成为唯一的选择。这种情况比较容易出现在延续产品创新的过程中，在已有成功产品的影响下，后面的方案设计更趋于保守，无形中增加了各种限制条件，从而使产品概念设计过程留给开发工程师的发挥空间是有限的，所以能够进行下去的概念设计只能更多地借鉴旧有产品或经验。

在进行筛选前应该满足需求的关键条件，这样会使内外部团队更容易理解各种概念设计想要传达的设计理念与核心思想。针对所设计的产品，尽量提供可视化的3D图像或平面草图，并配有一定的说明，以解释设计的概念，或者提供比较简便的流程图等来表达对需求的理解，以及为实现需求计划采取的方式。这样提取需求文档中的关键信息，进行创造性的抽象，从直观上给内外部团队视觉与感性层面的认知，如客户究竟需要什么，在什么场景下，概念设计想解决什么问题，应该如何解决，而不必设计太多深入的技术细节，以便让参与筛选的人员能够快速抓取设计的重点，并给出各自的反馈信息。

需要注意的是，对于敏捷产品设计与开发，其概念设计可能需要多个迭代过程才能够完成，并非在项目前期就能够完全识别，所以在概念设计阶段可能需要给出一个用户故事，并且简单地把这个故事呈现出来，并逐渐通过迭代交付，从客户那里得到反馈，从而在确认后修改、再确认后再修改的过程中交付产品概念设计的结果。可以说，产品概念设计、选择等过程贯穿于团队的每次快速迭代过程，并在其中得以实现。

在概念设计阶段，就可以大致知道产品需求能否实现，因为能否实现是客户的核心需求之一。同时大致估计开发产品需要的时间与资源，为报价提供进一步的科学合理的参考。

5.2 产品系统设计

当产品完成概念设计后，就进入了系统设计阶段。产品系统设计就是从概念设计到系统实现的一个转换过程，让前面确认的概念能够真正落地，通过各种方法、技术、手段变成实际的可供客户使用或消费的产品。

任何系统都有自己的架构，可以是组成系统的各种要素、系统要素之间的各种关联关系的表述、系统的组织与构成原则等。如果在产品系统设计过程中没有充分考虑并处理好这些因素，以及项目干系人与这些因素之间的关系，则有可能导致产品设计与开发项目失败。在产品设计与开发过程中，如下两点是需要着重考虑的。

💡 示例

现在让我们以相反的方向来思考系统设计。我们可以把人体抽象地看成一套系统，当我们试图了解人体系统构成的时候，要做的第一项工作应该就是对对象的分解，从不同的角度进行分解。医学上把人体分为八个系统，包括运动系统、消化系统、呼吸系统、泌尿系统、循环系统、神经系统、生殖系统、内分泌系统，每个系统还可以继续分解为各种器官，如心脏、肝脏、肺等。器官继续分解为四大组织，包括上皮组织、肌肉组织、结缔组织、神经组织。组织再往下分解，就到了最小的单元——细胞。这个过程是这样的：人体→系统→器官→组织→细胞。

上面是我们认识人体这个复杂的自然系统时进行的层次分解，这种分解方式反过来也是可以的。实际上，分解过程既可以由上到下、由下到上，也可以站在某个层级由内至外地思考。

构成人体的八个系统，在神经和内分泌系统的调节下，互相联系、互相制约，共同完成整个人体的全部生命活动。

可以对人体进行各层次的分解，便于分析与思考，如图5-4所示。各系统并不是绝对孤立的，而是相互关联、共成一体的，甚至是相互依存的。如果不能站在整体的角度去思考，就相当于盲人摸象，既看不到全貌，也可能在分析或解决问题时找不到重点。

当人们身体不舒服去医院时，会首先分诊，再由科室医生帮助分析和解决病痛，如果遇到疑难杂症，也可以由多个科室的专家通过会诊分析并解决病痛。

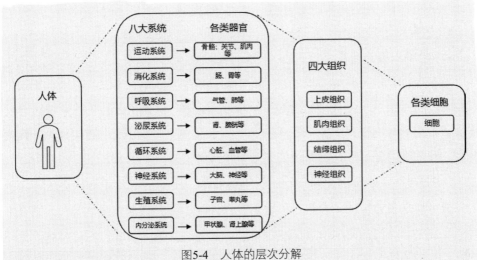

图5-4 人体的层次分解

那么，当我们想要设计一个服务于人类的类人机器人，或者运用先进的生物技术设计人造器官时，也同样需要进行类似的逐层分解与整合，并站在整个系统的角度分析问题，从而找到整体最优的方案，最终解决各种问题。

1. 系统架构

产品系统有其自身的架构，架构描述就是用来表述其系统架构的。系统架构就是系统在特定环境中的基本概念或特性，体现在构成系统的要素、要素之间的关系及系统设计和演化过程的原则中。

产品的存在源于需求。产品开发与设计团队收到市场需求说明书后，干系人会结合需求从不同的角度给出针对系统架构的观点，同时从不同的架构视图角度认识与理解系统。

在谈及产品系统设计时，最早涉及的要素是在概念设计阶段识别出的产品设计范围与各种边界条件。这些范围和条件可以用系统架构进行表述，产品系统设计就可以基于系统架构进行，从而使相关问题得到有效的收敛。接下来的任务就是在这样一个初步识别的系统架构之内进行系统搭建。

系统架构常涉及如下三个方面。

- 系统构成要素。系统由多个要素构成，这些能够拆分的要素构成了整个系统。
- 各种关系。系统构成要素之间存在相互联系、相互作用的关系。

- 功能作用。系统构成要素相互联系与作用，以实现特定的功能，达成系统设计的目的。

2. 干系人与关注点

系统设计阶段是从概念设计逐步细化到具体的系统设计的过程，所以在细化过程中，项目干系人会采用不同的视角来考虑问题。例如，在计算机系统设计过程中，不同职责的工程师会从不同的专业视角来看待问题，而产品架构设计师或系统工程师则需要站在产品整体的角度看待系统设计。

从图5-5中可以看到，对于相同的系统需求，不同的干系人看待需求或问题的角度可能是多方面的，在进行系统架构设计时，要充分考虑这些干系人站在不同的专业立场给出的不同关注点。事实上，本书的目的之一就是希望产品设计与开发团队中的每个成员都能够打破专业领域的藩篱，了解整个系统设计与开发过程，更全面地了解彼此，从而加强沟通效果，以更好地挑战创新设计及解决复杂问题。

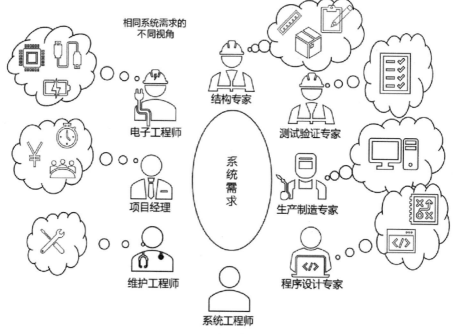

图5-5　干系人的不同视角

生成系统架构时，要识别与需求及概念设计相关的所有干系人，关注他们为满足产品需求而从自身的利益角度出发提出的各种关注点，进而从这些关注点中总结关于系统架构的视图，并对系统、系统之间的关系与限制条件提出相应的约束。

5.2.1　产品系统设计方法

产品系统设计方法，就是根据系统构成的不同特点进行整体的、全局的思考，从而站在整体而不是某项功能或指标角度进行系统设计，这样能够保证整体设计的完备性，解决仅仅关注个别问题而导致的设计不平衡问题。为了创造价值而进行产品系统设计的前提是深刻理解客户的产品需求，并在概念设计的基础上对构成系统的各种要素及要素之间的关系等各种限制条件进行研究。

下面从系统整体、系统架构、干系人关注点、抽象、分层等几个方面说明产品系统设计的一种方法。

例如，我们要设计一艘满足客户需求的家用宇宙飞船，很多干系人都要参与到这个项目中。为了实现这个目标，每个参与到这个项目中的干系人都会为支持项目成功，从自身的专业及利益角度给出自己的关注点，并逐步完成系统设计。

1. 第一步：需求的识别

为满足这样一个需求，开发团队需要根据已有的知识回答如下几个问题。

- 怎么克服地球引力，并且把客户送到目的地星球？
- 怎么解决飞行期间客户的吃喝拉撒问题？
- 怎么保证飞船在太空中的安全性？
- 怎么保证把客户送到正确的目的地星球？
- 怎么解决航行期间的通信问题？
- 怎么保证航行期间客户的身心健康？
- 怎么解决设备的供电问题和载物需求问题？
- 这个项目的市场有多大？是否满足投入产出比？
- 项目是否赚钱？现有技术是否能够满足以上需求？

2. 第二步：概念的生成

根据上面的核心问题，我们抽象出一个宇宙飞船的概念模型，给出概念上的解决方案或清楚呈现客户意图，便于与外部客户及内部各成员进行交流、沟通与需求确认（见图5-6）。针对上面的问题及生成的概念模型，我们引入更多专业领域的专家，进行下一步的系统层级设计。

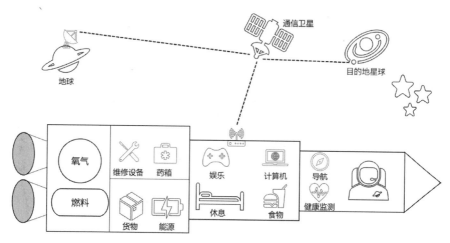

图5-6 宇宙飞船概念模型

3. 第三步：系统设计分析

引入已识别的所有干系人，并列出干系人的关注点，如表5-1所示。

表 5-1 已识别的干系人及关注点

干 系 人	关 注 点
飞船推进工程师	从地球到目的地星球的距离是多少，以此决定选择什么样的发动机、携带多少燃料
导航通信工程师	如何在整个航行过程中把飞船引导到目的地星球
生命维护设备设计者	如何在这段旅行中保障相关人员的健康与安全
飞船框架工程师	完成飞行任务所需的飞船框架应如何设计
飞行安全工程师	应如何设计才能保证飞船设备及相关人员的安全
投资者	通过这个项目的投入获得多少产出？怎样才能在投资最少的前提下满足设计要求
产品经理	这个项目的市场有多大？客户群体和客户需求的场景是什么
项目经理	如何在有限的时间内、在特定的预算条件下，根据当前拥有的各种资源与条件交付飞船
系统工程师	如何平衡各项设计的要求，使用现有技术设计出整体最优的产品
质量工程师	如何保证产品的设计及生产质量目标等顺利达成
飞船建造者	如何用现有的制造手段把飞船制造出来

4. 第四步：系统架构设计

依据系统的整体性、关联性、层次性等特性，构建出一种可以用已知技术或方法来满足产品需求功能的划分方式。可以将概念图进一步分解，生成呈现系统架构设计的功能框架图，这一步是将概念设计转换成设计实现的方式进行表达。可以通过抽象和分层的方法来实现。

这个世界变得越来越复杂的原因在于，随着人们对自然世界认识的深入，各领域专业学科不断细化，导致不同专业之间的交集变小，使每个人在庞大的知识体系下，只能在一个比较小的认知范围内去思考问题。这并不是人们的过错或认识狭隘，恰恰相反，是因为系统的复杂度超出了人们具备的认知能力，也就是没有一个人能够掌握系统组成部分的所有细节。因此必须采用抽象和分层的方法减少对不必要细节的掌握与记忆，从而更好地实现最初对系统功能的期望。

1）抽象。抽象使用的方法是把系统中最关键的特性简化地表述出来，抓住核心概念。

2）分层。分层是把上一层抽象的概念进行逐步分解，并且下层的抽象包括在上层的抽象中，这样通过分层实现的方式对相应的功能进行模块化封包。

使用抽象与分层的方法对系统设计进行合理的分解，既能够在设计过程更好地管理复杂系统，也极大降低了系统设计的复杂度，同时通过几个层级的划分，降低了产品设计与开发过程的管理难度。

在系统架构构建的过程中，根据对产品需求的理解进行系统架构的框架设计，按照系统架构的三个方面进行分析。先对抽象过的概念模型进行功能或专业领域上的分解，定义出实现特定功能模块的要素，再从软硬件方案实现的角度进行任务实现的分配，也就是采用抽象及分层的方法对产品系统进行合理分解。

有成熟架构或理论模型产品的设计，主要是在已有架构下进行的局部优化设计或模块组合创新，一般采用自上而下的设计方法对产品进行设计与开发。根据概念设计给出的框图，结合已有的成熟模块或研发部门的划分进行合理分解。

全新探索式产品的设计，如一款全新概念的软件，可以用一种快速迭代探索的方式进行开发，快速迭代出一个初步核心概念的产品原型，然后快速进入市场进行验证，如果可行就继续开发，并且持续优化；如果不可行就换一个方向继续进行快速迭代探索，直到找到真正的需求点。所以，在系统设计阶段，也要根据不同的功能进行小范围的划分，使开发团队能够明确分工并保持紧密的沟通。

图5-7按照抽象和分层概念展示了宇宙飞船系统架构。通过系统架构图可以

比较清楚地了解整个系统的构成、每个分层及抽象模块涉及的设计领域等，从而使复杂的设计得到简化，方便理解与沟通。

综上，当概念设计完成后，就进入系统设计阶段。系统设计是对设计进行的进一步细化，无论是采用自上而下的设计方法，还是自下而上的设计方法（逐步而快速地通过迭代向前进化，如某些互联网产品），或者是二者相结合的方法来设计产品，都要根据产品设计与开发的实际需要进行。其过程使用的方法一般包括抽象与分层。

5. 抽象与分层的实际应用案例

以软硬件相结合的电子产品设计与开发为例，产品系统设计过程采用的方法是依据产品需求及概念设计的结果，对所要实现的各项功能进行抽象与分层，并根据已有的相关专业领域进行模块或任务分配，从而实现每个功能模块设计的目的。

图5-8是计算机系统层级划分示意图。从系统设计角度来说，从不同的专业角度分析需求可以得到不同的设计观点，系统工程师在这个阶段要有统筹整个产品设计与开发的能力，把各不同专业部门的设计输入整合到同一个系统设计的框架中，找到既能满足各专业部门的设计要求，又能满足产品需求的设计结果。

这里把产品整体分为几个大的子系统，然后针对每个子系统进行概要的抽象，从系统的角度进行子系统设计与开发。根据系统的需求及人们当前已经具备的实现相应功能的方法与手段，对系统进行自上而下的分层，这种分层方式是基于人们对想要实现的功能的一种有效认知来实现的。但是有些功能模块是需要自下而上进行整合来实现的，如整个系统耗电量的预估就要从每个模块的分析开始，最后汇总为总的系统耗电量，同时要考虑系统中各子系统的利用率，给出合理的估值范围。

下面还可以对初步分层后的子系统根据不同的功能维度进行进一步的抽象与分层。

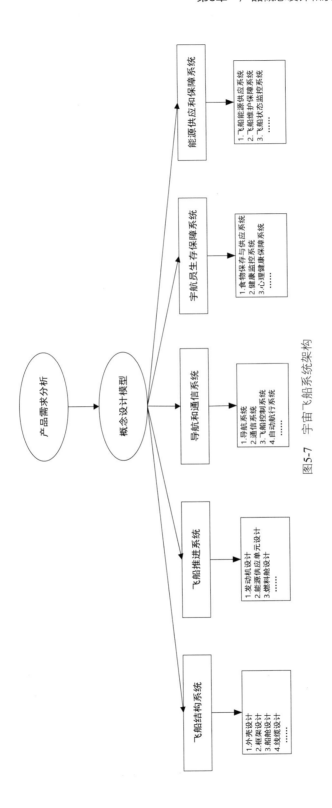

图5-7 宇宙飞船系统架构

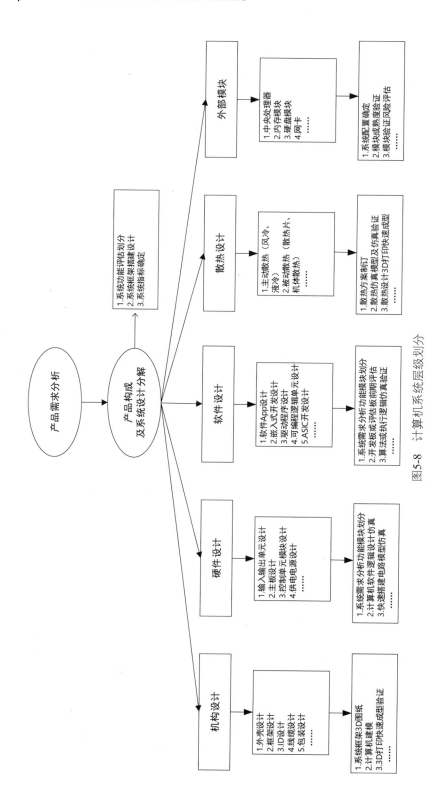

图5-8 计算机系统层级划分

1）机构设计维度。定义产品的外观、物理尺寸、大小、空间、重量、支撑方式、每个部件的组合方式等，还包括设备框架、支持、保护、每个物理控制板的尺寸及装配组合方式，以及对设备的生产、制造、搬运、部署、维护等所需的各种机构需求设计的满足等。

2）硬件设计维度。包括满足各种功能实现的功能电路设计、各控制模块的设计及供电模块的设计等，是软硬件功能实现的物理载体。

3）软件设计维度。包括实现特定功能的软件应用和固件程序设计部分，与硬件设计单元共同实现产品所需的各项功能。

4）散热设计维度。为系统提供合适的运行温度范围，控制系统的噪声。

5）外部模块维度。计算机包括大量外部模块，如计算机系统中的处理器、内存、硬盘等外置模块，与产品系统配合实现所需的各项功能。

5.2.2 系统设计中的系统思考

系统思考意指用系统的概念和方法对外在的事物进行思考。系统思考是从整体角度来思考一项任务或目标，是分析与综合各种任务的工具。系统思考的形成与发展是伴随人类对自然的认识及自身发展，并在解决各种问题的过程中逐渐产生的，是从整体角度来认识自然的过程。

在产品设计与开发中，系统思考的核心是以产品设计目标为导向，全方位思考如何提供有效的方法来达成目标。我们都听说过盲人摸象的故事，比喻对事物了解不全而固执于一点，随意揣测。产品设计与开发也一样，复杂产品设计涉及的专业领域可能非常多，在这种情况下，对系统的理解就不能够从单个专业或学科的角度出发，而要认识到系统具备的特性并不是一加一等于二这样简单，因为系统具备的功能或特性超出系统单元模块功能构成的总和。

 示例

计算机类产品中的子功能模块，在其发挥最大功效的时候一般都是耗电量最大的时候。在评估计算机系统整体功耗的时候，如果每个模块的估值都按照最大功耗进行，就会在实际的测试中发现电源供电的利用率偏低。究竟是什么原因造成了这样的结果呢？显然，这就是在产品系统设计阶段没有考虑到系统耗电的整体性。系统的工作原理及构成决定了系统没有办法在同一时间点把所有模块的性能都发挥到百分之百，如计算机在执行运算的时候，处理器耗电量最大，但是此时的硬盘或网卡可能处于闲置工作状态，耗电量并不大。所以在这种情况下，如果机械地按照每个模块耗电量的最大值生搬硬套，就会造成极大的电源设计浪费，增加设计成本，还有可能降低电源供电模块的执行效率。这就需要进行系统思考，对系统的运作规律有所了解，从而制定合理的整体系统的总功耗。

系统设计的整体性是系统设计能否最终成功实现的关键。这里为什么要提及系统设计的整体性？创新产品最终要作为一个整体交付给最终的客户使用，所以无论是在概念设计阶段，还是在系统架构设计分解功能的过程中，都需要考虑系统整体性，作为一个整体来满足各项产品需求，从而达成产品设计与开发的目标。

产品系统设计从整体出发，总体组织（设计技术和管理技术），不片面追求单项性能。例如，导弹的电子控制系统要求具有极高的可靠性，早些时候要求达到0.9999，而构成这个系统的电子管等元件很难达到这样高的可靠性，有的只有0.9。怎么办？我们可以利用系统思考，将四个可靠性只有0.9的元件并联起来，就可以达到0.9999的可靠性，即：

$$R_{系统}=1-（1-R_{元件}）^4=1-（1-0.9）^4=0.9999$$

式中，R为可靠性。

因此，不要以为一个系统性能很高时，各部分就非要是高性能的。在运用先进的总体组织技术把低性能的部分组织起来时，它们可以变成高性能系统。系统工程的贡献也在于此。同理，高水平的系统工程的组织管理，可以使技术等级低的工人生产出高性能产品。[7]

实战分享

在一个产品的系统设计中，需要整体看待问题，特别是一些兼容性相关的问题，如评估将要适配在产品中的A板卡、B板卡是否可兼容，是完全兼容还是部分兼容，这都需要全面了解子系统（如A板卡，B板卡），才能很好地解决问题。这种问题在设计前期就一定要解决好，否则到系统组装出货前的测试阶段才发现问题，后果就很严重了。

系统思考不但在产品创新设计、产品开发实践及各种问题的解决过程中发挥关键的作用，也在人们进行各种决策、处理各种问题的过程中发挥巨大的作用。

5.2.3　系统设计中的职责划分

在创新产品设计与开发过程中，因为技术的复杂度越来越高，以及创新开发涵盖的领域越来越广，组织中各专业领域团队的合作越来越普遍，但每个专业方向上的人员大多数时间都专注于自己所在的专业领域，专业与专业之间的鸿沟随着专业的分化变得越来越大，这就越来越需要架构设计师或系统工程师这样一个能够统筹全局的角色来管理这些理论上毫无关联，而实际在系统设计上却紧密关联的不同专业之间的沟通与合作。

在实际工作中，系统工程师如果要弄清楚某个问题，需要先将问题进行拆分，使之成为若干个比较好处理的小问题，对每个小问题逐一解决。其既要具备一定专业技术背景及实际项目经验，也要能够系统思考创新产品的整体，还要能在诸多专业之间建立技术沟通的路径，找到彼此发生冲突后能够到达的平衡点，以及站在技术前端看到这个技术领域可能的发展方向，并与团队一起进行系统创新。

实际上，现代设计不仅需要系统工程师这样的职位和系统思考方式，专业设计工程师也需要能够系统思考，这也是复杂系统成功设计并交付的关键。专业设计工程师的职业素养往往是在这样一种问题情境中练就的，即他需要确定系统的需求是什么，同时必须思考如何才能满足这个需求，为此，他需要利用技能和资质，为解决"如何做"这个问题提供巧妙的方案。最好的专业设计工程师往往是那些能够提出成本最低、最有效和最绝妙方案的人。[5]

是一个人主导还是一个小组共同主导？为保证系统设计的整体性，一般由一个系统工程师统一掌控设计全局；同样，每个不同领域也有子系统的系统工程师保证分支系统设计的统一性与完整性。

一般来说，在复杂系统的设计过程中，系统工程师或架构设计师完成产品架构设计后，会由相关的设计小组对每个功能模块进行细化设计，从而使架构设计与功能模块设计分层。这样，架构设计与单元设计之间通过分层的设计，实现互不干扰，从而间接保证了系统设计的整体性。

在软硬件相结合复杂产品的开发过程中，与以系统整体性为导向的产品设计与开发相比，以功能为导向的产品设计与开发遇到的系统问题及系统整体优化问题多得多，甚至有可能导致开发出来的产品不满足产品整体规划的要求。因为后者更多关注其先前专业开发领域所具有的单项最优的思维方式，而前者更能从全局考虑问题，从而获得全局最优，使系统在整合后获得良好的整体优势，这也是为什么专业领域工程师在转型成为能够独立带项目的系统工程师之前要经过思维方式的转换，考虑问题时更多地从全局出发，而不是从局部的某个技术点出发。

5.2.4 采用先进的开发工具

人们对各学科领域认识的不断深入、系统构成复杂度的提升、需求自身的多样性等极大增加了产品设计与开发的难度及复杂度，也增加了人们认识整个系统的难度，因为人脑在同一时间所能记忆及掌控复杂系统的范围是有限的。复杂的系统也加大了领域之间沟通的难度，专业领域的专家很难掌握整个系统的运行框架，而了解整个系统的细节更是几乎不可能的。为了应对上述这些情况，人们借助计算机及软件技术，开发出各种软硬件辅助设计工具，借助软件工具对复杂对象进行高层次的抽象与分层设计，从而提升人们理解、掌控、存储、设计、开发、测试、改进及维护复杂系统的能力。这些软硬件辅助工具的支持，极大扩展了人们能够掌控的复杂系统的范围，深化了人们对复杂系统内部逻辑关系的认识。

现代复杂系统的设计与开发离不开功能强大的各种先进软硬件设计工具的支持。要想设计出更复杂先进的产品，就要保证设计工具与方法的先进性，同时不断吸收掌握领域内最先进的理论与方法，以更有效地开发产品。可以说，设计与开发工具是否先进，直接决定了设计复杂程度所能触及的上限。即使一流的人才，若没有强大工具的支持，能发挥的能力也是有限的。

强大的软硬件相结合产品开发辅助工具同样具备让团队在复杂系统设计过程中更高效地沟通，协助团队管理问题解决过程中的数据及流程等功能。

5.3 | 模块化和集成化设计

在完成产品的系统框架分析，按照主要的功能制定并分解出系统设计架构框图后，就要对各划分出来且具备一定功能属性的子系统进行设计。在这个层级出现的一个新问题是，针对划分出来的具备新功能的子系统，需要确定哪种设计方式才是最优的。主要有两种设计方式，即模块化设计和集成化设计。可以通过如图5-9所示的台式计算机和笔记本电脑直观认识这两种设计方式，类似的例子还有集成化设计的卡片式相机和模块化设计的可更换镜头的单反相机等。这两种设计对应的系统架构框图可能在表现形式上是一致的，区别在于子系统的设计方式。

模块化设计　　　　集成化设计

图5-9　模块化和集成化产品比较

5.3.1　什么是模块化设计

在日常生活中，我们可以使用几种基本的乐高积木组件创造出各种有创意的造型；逛商场时可以看到根据房间大小而采用不同数量模组单元组合而成的各种家具；走在路边偶尔可以看到集装箱式单元拼接而成的各式建筑。这些采用少量标准模块组成不同产品的设计方式，就是模块化设计。

现代台式计算机也由不同功能的模块组合而成，这些功能不同的模块是可以通过标准的接插口实现组合、升级与维护的。基本设计单元的标准化、构型一致化也给外包分工带来了价格和采购竞争力。

模块化不是一个新概念，模块化的定义有很多，主流定义如下。

1）模块化的核心是由相对小的、可以独立进行功能设计的子系统组成一个复杂产品或流程。模块化是一种有效组织复杂产品和过程的战略。[19]

2）所谓模块化，就是指在对一定范围内的不同产品进行功能分析和分解的基础上，划分并设计、生产出一系列通用模块或标准模块，然后从这些模块中选取相应的模块并补充新设计的专用模块，和零部件一起进行相应的组合，以构成满足各种不同需要的产品的一种标准化形式。[20]

经过概念设计和系统设计，根据系统的分层结果将所需实现的功能进行进一步的分解，分解为可以单独执行并独立出来的一个功能单元模块。对任何一个可以划分出来的功能进行模块化封装，定义好接口与内部特定的功能后，就可以对划分出来的子系统进行单独设计，这样的设计也是模块化设计。

在软硬件相结合产品的设计中，复杂模块的构成可以分为物理实体单元与逻辑功能单元的组合（见图5-10），前者是承载整个模块的物理结构、信号传输、传感、控制等硬设计，后者则是采用代码、特定的电路设计单元等实现特定逻辑的软设计，两者组合则构成了具备特定功能的模块。物理实体单元具备样机制备和可大批量生产的特点，而逻辑功能单元则具备诸如代码或特定设计的可重用、可移植和可重复修改编辑等特点。

图5-10 软硬件相结合产品的模块构成

1. 模块化设计的主要特点

1）模块化设计的好处。[21]第一，可以通过模块分解的方式降低设计实现的复杂度。第二，实现设计的可复用。第三，从可维护角度来说，极大地方便开发与维护。第四，专业领域更集中，外松内紧的耦合模式使模块开发团队更专注于相关专业领域的攻克，从而在特定的专业领域方向上，在现有的各种条件约束下实现单体模块各种方向上的提升。甚至可以有更多的选择，实现产品设计与开发的经济性。

2）可以实现系统的并行设计。从设计实现进度的角度来说，功能模块的分解使不同模块的设计与开发可以并行执行，从而大大加快了产品的开发速度和上市速度。在复杂产品项目的开发过程中，可以并行开发设计低耦合模块，这样可以大大加快整体项目开发的进度。

3）可以实现部分模块外包设计。企业可以将有限的资源集中在关键的核心模块及系统整合架构设计创新的层面。在复杂产品设计与开发过程中，每个标准模块都有可能被看成一个子系统，从而在市场上找到比自己开发更经济的外包方式，获得更好的性价比或竞争优势。

4）获得产品模块化收益。产品模块化可以发生在产品的任何一个层次，如系统、子系统、模块和组件的水平，而且服务于产品生命周期的所有阶段。产品模块化从三个方面，即降低成本、多样性和产品创新方面为制造商提供收益，提高自身竞争力，抵御各种市场风险。[22]

现实中，以计算机设备为例，台式计算机就是以模块化设计为主的典范。例如，系统中的内存、硬盘、鼠标、键盘、显示器等，都是构成整个系统的不可或缺的模块，这些功能模块有标准的接口与规范的定义，所以可以由很多供应商进行设计制造，这样计算机系统集成设计厂商就可以集中于系统集成的创新设计。同样，在软件设计领域也有模块化的功能单元，可以提供给软件系统的供应商整合与选择。例如，在芯片设计领域就可以根据需要采购相应的具有特定功能知识产权的模块。

2. 模块化设计的方法

模块化设计的方法因为专业的不同而有所不同，但是具体的实现方法都是对特定的功能进行有效封装，定义好输入与输出模块，尽量减少与外界的耦合关系，分配给特定的专业团队进行设计与开发，并且定义好相关文档，方便系统维护。

1）模块化设计的原则[23]。

- 内聚性。
- 松散耦合。
- 封装过的。
- 可重用。

2）模块化操作方法。在模块化结构中可能出现的变化，不外乎以下六种操作方法，它们可以创造出模块化结构所有可能的演化路径。[24]

- 分割：将某个模块从系统中分离。
- 替代：用新的模块替代旧的模块。
- 扩展：增加新的模块设计，扩展旧的模块设计。

- 排除：从系统中除去某个模块。
- 归纳：从多个模块中归纳出共同的要素，并创建新的设计规划。
- 移植：为模块创造一个"外壳"，将其移植到其他系统中。

在模块层面上运行的六种模块化操作方法，对市场和下级模块的不确定性都有很强的适应能力。通过系统解构，将原有模块进一步分解，去除低价值模块，增加高价值模块，或者归纳组合相似模块，复制到其他领域，并建立新的设计规划，由此创造出新的生产系统。模块化操作是将复杂系统动态变化的知识组织起来的有效方法，通过对模块之间的联系进行创造性的破坏与再结合而实现系统创新。

3. 模块化设计与系统设计的关系

任何一个模块都是构成系统整体的不可分割的部分，模块化开发依托于系统的需要及划分的层次。

在软硬件相结合的产品开发领域，针对系统设计环节，无论是软件部分还是硬件部分，都可以充分发挥模块化开发方法的作用，同时享受模块化开发方法带来的各项好处。

在系统设计的过程中，制定好相关的接口标准，采用模块化设计，可以只设计一次，而在多个平台或未来设计中重复使用。相同功能的模块可以在同一个系统的不同功能单元中重复使用而不需要重新设计。从功能模块的角度进行维护，将极大降低系统维护与升级的成本。

模块化设计并不仅仅应用于具有物理形态的复杂产品设计与开发过程，还应用于软件或固件开发的过程。程序的模块化和代码复用已经成为事实上的设计准则，这极大促进了产品问题的解决，增加了产品设计与开发的复用可能性，也给产品维护增添了极大便利。所以，在产品设计与开发过程中，采用模块化设计，发挥出其优点，并从各层面进行落实，可以带来极大的好处。

实战分享

模块化设计是随着系统复杂度的提升，以及产品具有足够的生产量级或不同配置的需求达到一定的量级，逐渐在原始的集成化设计基础上分化而来的。在构建简单的产品时，可能并不需要复杂设计或将系统分解成多个单元组件，在这种情况下采用集成化设计会使产品更具有成本与生产优势。但当系统的复杂度提升，并且划分出来的大部分模块可以进行标准化设计，并且能够通过组合获得不同产品配置来满足市场需求时，就可以考虑采用模块化设计与开发的方式。

5.3.2　什么是集成化设计

集成化设计是与模块化设计相对应的，集成化设计一般具有以下特征。[25]

- 产品的每个功能单元都由多个组件来实现。
- 每个组件参与多个功能单元的实现。
- 组件之间的相互关系并不明确，这种相互关系对产品的基本功能来说并不一定重要。

集成化设计的产品往往需要构件之间配合更加紧密或紧凑，从而达到最佳的设计优化目的或发挥产品的最佳性能，这种要求往往需要牺牲除实现模块化优势外的其他好处。组件之间的界限或连接界限的划分并不是这类产品追求的重点，重点是需要达到特定的最优设计或性能极致。例如，笔记本电脑设计的外壳和内部的架构，就需要充分利用有限的空间来满足产品小型化或获得更好的散热效果的需求。这就要进行集成化的整体设计，组件之间的配合成为设计的唯一目标，组件本身只能为满足这个目标而设计。

集成化设计在一些情况下也存在一些弊端，需要在设计决策的时候认真考虑。

- 系统规模庞大，内部耦合严重，开发效率低。
- 系统耦合严重，后续修改和扩展困难。
- 系统逻辑复杂，容易出问题，出问题后很难排查和修复。

5.3.3　设计方法的辩证统一

如前文所述，与模块化设计相对应的是集成化设计，就是把所有功能单元进行强耦合设计，这样系统的设计就显得非常复杂，没有办法实现通用，出现问题的时候调试起来也十分困难。但并不是说这样就一定没有优势，只是相对来说，简单的系统设计可以采用集成化的方式来实现。例如，随着集成电路技术的不断发展，更多功能模块被逐渐集成到芯片中，产品设计与开发就成为以芯片为核心的设计，使原本复杂的硬件模块化设计开始转向集成化设计。但是这种物理形式的表现并不意味着模块化设计不存在了，恰恰相反，正是因为模块化设计在芯片领域的成功实施导致了产品系统硬件设计层面的简化，才形成了产品设计与开发层面的集成化设计。以下几点发展还需要模块化的思想来指导。

1）芯片的模块化设计。半导体技术的发展及电子设计自动化（Electrical Design Automation，EDA）技术的发展，让实现各种逻辑功能的单元模块实现IP（Intellectual Property）模块化，从而以更高集成度体现在芯片层级，但是其本质思想仍然是模块化设计。

2）嵌入式软件的模块化设计。嵌入式软件的发展也使功能的开发可以实现IP模块化，可以根据客户的需要在固件开发的过程中进行整合与定制。

3）设计软件的模块化设计。软件设计是抽象与分层设计的典范，所以软件模块的可复用、可移植特性使开发更加快速。

综上，无论是机械行业、建筑行业、软件开发行业，还是软硬件相结合行业，模块化设计都已经成为当今设计的主流。这里的关键不仅仅是肉眼可见的形式，更重要的是模块化设计的思想及在设计过程中秉持的原则，可以取得事半功倍的开发效果，大大提升产品创新开发的效率。

在实际的产品设计与开发中，绝对的集成化与绝对的模块化设计都是很少见的，更多的是在不同层面的设计上两者兼具，如笔记本电脑使用的内存模块、处理器模块、硬盘模块等就是典型的模块化设计。

5.3.4 实现模块化的接口设计

模块化可以以物理形态的尺寸、形状或信号接口标准统一等方式来实现，前者关注物理形态的接口，后者关注逻辑连接形态的接口。当然也有两者同时限定的设计标准。

在软硬件相结合产品开发领域，有些设备或开发模块的应用场景可能是唯一的，但是如果针对专有的模块，在设计时就采用标准的工业模块接口，这个模块就有可能复用或整合到与接口兼容的其他设备上，从而扩展了一次开发的成果。这样也可以节约新系统的开发与验证所需的时间，从而更有效地关注系统层级设计整合与测试验证的环节。

所谓模块化或标准化的接口设计，首先需要理解标准化的接口，并且在设计阶段充分考虑整个系统的性能部分，而非仅仅把所有模块组合在一起。需要从整个系统的数据流及控制流两个维度进行考虑。

在模块化接口设计过程中，还要考虑设计成本、整个系统及模块在理想最大配置情况下对供电、散热、所需面积及物理空间占用等的需求，这些都需要从整体角度进行思考，确定设计的边界条件、能覆盖的范围、可以复用的设计单元、所需的能够扩展的各项功能，以及涉及的行业中的各项标准，并紧跟业界发展，保证设计技术的先进性。更重要的是保证设计的行业竞争力，让采用的技术手段与竞争对手持平或超越竞争对手。

在设计过程中，系统架构框架部分是整个系统的方向性部分，而各功能模块部分则需要相关领域的专家进行详细设计与优化，从而保证整个系统单元模块设计的竞争力。

5.4 复杂系统架构设计

5.4.1 不良架构设计的影响

是不是有了系统的思考方式，采用抽象与分层的设计方法，把功能模块化划分，就万事大吉，可以通过任意堆砌和组合模块来得出想要的系统了呢？显然是不行的，如果仅仅按照这样的思想来设计产品，设计简单产品时还可以应对，但是随着系统复杂度的提升，如果还采用简单的方式进行系统架构的设计，将可能遇到各种意外的问题，使产品设计与开发变得更加复杂而不可控。

针对软硬件相结合的复杂系统设计，不良架构设计的影响如表5-2所示。

表 5-2 不良架构设计的影响

不良类别	影 响
接口设计	系统中存在众多类型的接口，如 A 接口、B 接口、C 接口……
	在不同模块之间有无数特殊接口设计
	制定的标准接口无法相互兼容
	各种不统一的接口信号导致模块化设计出现痛点或功能增加困难
	缺少通用的标准物理接口和控制逻辑设计
	模块之间没有配置接口

续表

不良类别	影　　响
系统分层设计	新功能和过往设计的层次无法进行优化
	分层过度的系统设计导致设计与开发周期更长
非标模块设计	非标模块设计导致无法兼容外部和内部标准模块
	设计集成了大量非标功能组件，同时在整个设计体系中保留这些组件
统一管理设计	对系统中的模块采取不同的控制与管理机制
	对系统中的模块采取不同的配置方式来管理
	对系统中的模块采取不同的电源管理、检测及控制机制
	个别模块独立设计与管理
系统可测性设计	上面的问题导致测试验证阶段遇到大量问题

5.4.2　系统架构设计原则

应该如何设计出更好的产品系统架构呢？下面以软硬件相结合产品系统架构设计为例，介绍几点原则。

1）一个良好的软硬件相结合产品系统架构设计应当努力实现如下几个目标。

- 展现出整机的高性能输出。
- 有效实现低功耗。
- 接口定义良好。
- 管理与配置具有一致性。
- 有能力通过标准接口集成各种标准模块。
- 有能力进行扩展而不需要变更基本的系统架构。
- 需要进行相应的配置缩放来适应不同层次的产品类型。

2）具备良好定义的控制和配置接口。

- 定义通用的机制来实现不同功能模块的控制或配置。
- 不需要所有功能都在功能模块中实现，但是接口必须一致。模块需要具备内部验证的功能。

3）良好定义的接口能够极大简化验证的挑战。

- 功能模块可以设计到指定的接口上。
- 最小系统配置就可以验证连接性。

- 标准的设计可以实现测试模块的重用。

4）制定设计原则。

- 指定一位顶层系统架构工程师来定义系统整体的架构和接口。伟大的设计出自伟大的设计师。[26]
- 设定好交付的时间点。
- 工业标准的第三方模块可以直接应用在系统上，而不需要更改任何设计。
- 制定出当下及未来执行的目标。

5）设计更加灵活的系统架构。

- 可以实现兼容内部和外部的模块设计。
- 靠整体架构获得产品优势，并且更加开放与兼容。
- 不仅支持内部模块单元，还可以支持其他外部标准模块设计。

5.4.3　经典案例

本节以多核计算机系统的互连设计为例，说明针对不同的应用场景采用一个好的系统架构的重要性，同时介绍其中的设计方法，展示设计思考的过程。

计算机的多处理器（如果集成在一个芯片上，也称多核）技术并不是一个新的概念。《计算机系统架构》这本书提到，多处理器系统是指两个和多个处理器与内存和输入输出设备的互联，并由一个操作系统进行控制，操作系统控制不同处理器及系统中其他组件之间的交互、协同工作，以提供各种问题的解决方案。[27]

多处理器系统最开始应用在大型计算机上，用来提高系统的可靠性，也就是当一个处理器出问题的时候，会由其他处理器接手相关的任务继续工作，从而使业务不中断。多处理器设计带来的衍生好处在于：多个相互独立的任务可以实现并行操作；一个独立的任务可以切分成几个并行操作的任务。

人们通过实践发现，多处理器设计带来的不仅是可靠性的提高，还有性能的提升，那么是否可以说系统中多放几个处理器就可以实现上面的好处了？显然不是，更多的处理器增加了互连的复杂度，所以就要考虑应该如何设计更好的计算机系统架构来提升性能和可靠性等。

《计算机系统架构》还提到了针对多处理器的互连网络，包括如下几种。

1）分时共享总线（Time-shared Common Bus）。如图5-11所示，分时共享总

线结构意味着在任意一个时间段内只能有两个终端设备进行通信，其他设备都需要等待。这种架构的系统性能取决于总线传输数据的带宽和速度。

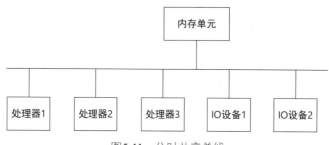

图5-11 分时共享总线

2）多端口内存（Multiport Memory）。如图5-12所示，四个处理器单元分别都有一组总线（包括数据、地址及控制信号）与四个内存模块互连，但是需要分别在内存模块端预先定义出不同处理器访问每个内存模块的优先级，以解决可能出现的内存读取冲突的问题。

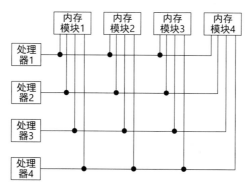

图5-12 多端口内存

这种架构的好处在于提高了数据传输的效率，坏处在于需要更多的总线及内存模块优先级仲裁的逻辑设计，增加了设计成本。这种设计适合处理器数量比较少的系统。

3）纵横开关（Crossbar Switch）。如图5-13所示，纵横开关结构是在处理器总线和内存总线的交叉点上设置了用方框表示的纵横开关，每个纵横开关都具备相应的控制逻辑单元来决定处理器与内存模块的互连，这种结构也同样可以通过相应的逻辑设计解决多个处理器访问相同内存模块的仲裁需求问题。

纵横开关支持对所有内存模块进行数据传输操作，进一步提升传输效率，当然代价是增加的纵横开关互连设计，以及设计的复杂度与成本。

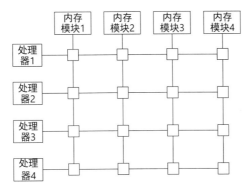

图5-13　纵横开关

4）多级交换网络（Multistage Switching Network）。如图5-14所示，多级交换网络是带有2×2个开关的二叉树结构。两个处理器分别用P1和P2表示，每个处理器可以与任意八个终端设备进行通信。这种设计也有其同时读取终端设备的局限性。例如，处理器P1如果连接到地址从000到011的任何一个设备，处理器P2就只能连接到地址从100到111的设备。

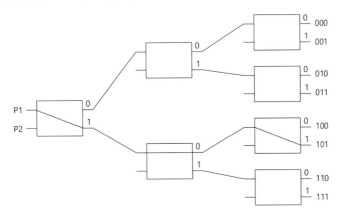

图5-14　多级交换网络

5）超立方系统（Hypercube System）。如图5-15所示，超立方系统结构也称二进制 n 立方体多处理器互连结构，这是一种松耦合结构，表示的是 $N=2^n$ 个处理器，通过 n 维的二进制立方体结构进行互连，其中每个处理器都构成了立方体中的一个节点。尽管习惯上每个节点都有一个处理器，但实际上每个节点还包括节点的存储器和输入输出接口。

超立方系统结构实现了更多处理器的互连，同时带来了更复杂的设计。运算数据或执行程序需要通过其他节点或立方体管理单元送达，实现独立运行，从而把需执行的复杂运算分布在整个系统之内，并且能够并行执行。

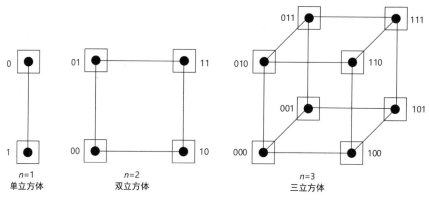

图5-15 超立方系统

　　由此可见，仅从一个多处理器互连的维度就可以看出系统架构设计对性能、成本、可靠性等方面的重要性，所以针对不同的产品特点，需要采用科学的设计方式和方法，才能取得更好的结果。

本章小结

1. 产品概念设计是对产品需求的高度抽象，目的是对需求中的关键要素进行有效沟通与交流。

2. 产品系统设计需要系统设计的思想，全面且整体地看问题。

3. 不同的干系人看待相同需求的关注点是不一样的，产品系统设计要兼顾这些关注点，从而实现系统设计最优。

4. 模块化和集成化设计是相对应的，各具优势，灵活运用可以使产品设计与开发取得最优的结果。

5. 设计出好的系统架构既需要方法，也需要原则，更需要团队共同努力来实现。

第6章
可行性分析

6.1 可行性分析的内容

6.1.1 什么是可行性分析

可行性分析就是依据理论推导、建模仿真或历史经验，结合现有技术能力、人力资源、项目预算、进度等，采用多方面调查研究和分析比较等手段来评估当前各种设计方案是否可行，同时给出可以为项目决策提供参考的可信分析依据。可行性分析具有预见性、公正性、可靠性及科学性的特点。

可行性分析实际上也是系统分析的一种，这里可以回顾一下前面介绍的霍尔三维理论中逻辑维度的方法，对系统分解出来的功能模块能否在需求范围内得到技术上的实现进行分析，同时需要澄清这些技术上的实现的边界或约束条件。

在系统设计过程中，前期可行性分析阶段的工作非常重要，如果这部分工作没有做好，那么在产品设计与开发后期遇到复杂问题时可能非常难以解决，甚至可能需要重新评估设计可行性，寻找新的设计方案，直接影响设计周期。前期可行性评估时要请各专业领域的研发人员都参与评估产品设计的可行性，从而保证整个产品设计与开发周期顺利进行。

针对系统分析及模块化划分的结果，讨论在输入的各种约束条件下，企业是否能够依据当下具备的各种专业技术人力资源、专业技术储备、设备生产能力、资金储备等条件满足整个系统设计的要求。

在做可行性分析时，最好能够依据现有的各种理论来论证与推导，并通过定性或定量的结果表达出来，以理服人，然后将经过论证的方案通过软硬件平台建构出来，以验证理论上的正确性。如果根据各种分析无法得出最终期望的结果，也要能够在理论上证明为什么没有得到想要的各种结果，这也是一种科学研究的有效方法与手段。

每个与功能相关的团队成员都需要在可行性分析阶段参与产品系统设计的评估过程，针对功能设计的需求，找到现实中能够通过已有的或已经掌握的技术手段来实现的解决方案。

以软硬件相结合产品设计与开发为例，在评估并完成系统功能划分后，找到问题的各种边界条件，然后针对各种边界条件进行实现方式的技术评估。

事实上，经过了概念设计、系统架构设计及模块化，已经可以在一定程度上分解出每个专业之间工作的边界，这些边界也会随着可行性分析的讨论及建模仿真的手段评估而更加清晰明了，也就是哪些需要由硬件设计实现，哪些由软件功能实现，哪些由固件部分实现；哪些是诊断设计部分，哪些是供电设计部分，哪些是散热设计部分等。各专业领域的专家都会分析各自的设计重点，同时相互探讨不同模块应该以什么样的方式进行配合，才能实现需求的功能。

可行性分析输出的结果是项目投资决策的基础，对各可能涉及的专业技术方向进行科学、深入的论证分析。项目可行性研究是在项目目标确定后，对项目进行更详细、深入、全面的论证工作，内容包括技术实现、项目范围、人力投入、资源需求等，以达到增加投资收益、降低投资风险、优化资源配置的设计目标。

6.1.2　如何进行可行性分析

本节介绍在进行可行性分析的时候需要考虑哪些方面，包括可行性分析的方法、范围、依据、原型机验证及一些必要的前期知识储备等。

1. 可行性分析的方法

产品创新设计阶段可行性分析的方法主要包括如下几点。

- 理论推导。
- 历史经验数据。
- 专家判断。
- 仿真结果。

- 早期原型验证。

2. 可行性分析的范围

可行性分析的范围包括如下几个主要方面，如图6-1所示。

图6-1 可行性分析的范围

1）技术实现可行性。

- 现有技术是否满足产品研发所需技术要求？
- 所需技术是否存在专利壁垒？
- 功能模块所需技术是否可以通过外购手段获得？
- 所需技术的实现是否超过预期的成本？
- 运用新技术的风险是什么？如何降低风险？

2）资源实现可行性，包括人力、各种材料和开发测试等资源。

- 所需测试与开发设备是否具备？
- 开发所需的资金投入是否充足？
- 关键部件或核心工具的采购是否能够满足条件？
- 是否有相应领域的技术专家完成产品设计与开发？
- 是否有足够的技术专家完成产品设计与开发？
- 是否有足够的测试验证专家完成产品测试验证？
- 是否有足够的生产技术人员完成产品生产测试？
- 系统架构设计师或系统工程师是否在项目开始就已经确定？
- 是否有专业的项目管理人员？

3）进度实现可行性。

- 完成所需设计的进度是否满足产品上市时间的需要？
- 生产进度是否满足产品交付进度的需要？

- 是否存在压缩进度的机会或导致项目延期的风险？
- 是否已经找出项目执行过程中的关键路径？

4）费用实现可行性。

- 计划投入是多少？
- 预估投入是多少？
- 部分成熟设计外包是否比自主研发更划算？

5）制造实现可行性。

- 能否生产？
- 生产成本如何？
- 所需技术是否超过现有生产制造能力？

6）测试实现可行性。

- 产品质量目标是什么？
- 是否满足测试设计要求？

3. 可行性分析的依据

查阅相关文献、技术资料，参考过往项目资料、建模仿真结果，邀请专家小组给出评审判断，确定依据现有的技术方案是否可以满足技术设计的要求。还可以通过逻辑推理、竞品分析及原型机验证的方式来证实设计的可行性。

4. 可行性分析阶段的原型机验证

在时间及条件允许的情况下，可以通过实际建造一个简单的原型机来验证产品设计与开发的可行性，从而在项目的早期阶段就通过实物测试与验证得到贴近实际的测试与验证结果。例如，个别功能测试可以在面包电路板上搭建线路来进行前期测试验证，以及软件的快速原型设计等。这样的过程只需关注基本原理和功能的实现，以达到一定的评估目的。

5. 工程项目可行性分析与前期知识储备

在项目前期的可行性评估阶段，一定要充分理解产品的设计需求，只有这样才能设计出功能完善的产品，这就强调团队在平时就要储备与产品相关的知识，这不但有助于团队对需求细节尽快给出论证结果，还能帮助团队对于需求中暂时不理解的部分，能够通过之前的知识储备而快速学习与掌握相关知识。相对于开发一个新技术领域的产品可能带来的风险，前期花费一定的时间来学习与准备相关知识是值得的。

6.1.3 可行性分析方案评估

软硬件相结合产品设计与开发可行性分析阶段的工作不仅包括开发团队自己对功能的分析，还需要借助外部的智慧和资源来协助解决各种技术问题。例如，在电路设计方案评估阶段，联系能够实现特定功能的芯片的供应商，并将相关的设计需求反馈给他们，他们会根据对设计需求的理解推荐适合的产品，并提供相应产品的参考设计文档。这就是很好的外部资源使用情况。当然，开发团队也会根据客户的需求评估推荐芯片的可行性，如果方案可行，就根据需求，并参考产品规格说明书与参考设计文档制订出初步的电路设计方案。在完成这些工作后，给出初步的物料清单以供早期报价使用。这里需要特别说明的是，关于印刷电路板层数设计，需要电路仿真部门给予一定的指导，从而更准确地评估合理的价格范围。

简单来说，可行性分析就是首先找到问题的最大边界条件，根据这些条件评估现有方案或技术手段所能满足的设计需求。这个过程最开始可能只是单个功能部门内部的讨论，接下来就是团队一起把满足特定条件的各种约束条件列出来，找到与其他部门配合时可能发生交叠、干涉，甚至无法满足的情况，并把这些情况列为需要团队紧密配合来解决的问题点。在解决问题的过程中，需要找到设计上的各种平衡点，在团队进行技术讨论的过程中找到一个既能满足各方要求，也能满足整体要求的实现方式。

1. 多种方案的评估

满足设计需求的方案可能不止一种，在不同约束条件下，方案可能有很多种。这时需要站在系统整体的角度判断问题中的约束条件都有哪些，应该如何解决。例如，可以采用体积更小的供电模块来满足设计需求，但是将付出更高的材料成本；或者重新设计一个更复杂的单元，但是设计周期会更长。

如果团队发现了一些可以在理论上通过评估的设计方案，但是根据当前技术根本找不到满足方案的材料，或者产品生产过程无法满足这样的方案设计要求，就要暂时放弃这类方案，但是可以作为一种储备方案，待未来时机成熟时再评估其可行性。这也是一种方案的有效储备方法，毕竟做产品不能仅看眼前。

💡 **示例**

在设计某个测试设备方案的过程中，发现市面上找不到满足方案要求的电子负载。即使设计方案很完美，但是现实中找不到能满足这种要求的设备，也只能修改设计方案，自行设计负载部分。

在高密度且有空间限制的电子产品设计过程中，需求方期望支持更多的外接端口和更多功能，但是物理尺寸限制导致实际设计满足不了设计方案要求，所以这时就要找到问题的各种边界条件，退而求其次，找到折中方案。

某产品采用的核心控制芯片在功能评估过程中被发现无法支持竞争对手产品已有的硬件功能，只能另辟蹊径，采取固件、软件及硬件修改配合的方式来满足产品需求。

综上所述，可行性分析要灵活变通，如果一个理想的方案无法实现，就要与团队一起找到能满足需求的变通方案。如果变通方案都想过了也没有办法，再给出可行性分析的最终结论。

2. 竞品分析的方法和步骤

站在产品设计与开发的角度进行竞品分析，竞品分析实际上在需求分析阶段甚至更早就开始进行，只不过那时更关注产品的规格和市场份额的占比，以及产品定价优势等。

在可行性分析阶段进行的竞品分析，会进一步从设计角度进行比对分析，从而分析清楚设计方案与竞争对手已用方案相比的各种优势和劣势，从而更好地满足市场需求，提升产品竞争力。

竞品分析可以分为以下三个环节。

1）静态分析。从规格到特性，再到功能实现，进行静态分析比对。

2）动态分析。通过产品实际的操作运行，动态比较与分析产品在交互、性能及支持等特性上的差异。

3）拆解分析。从构成产品硬件的材料、结构、模块单元等几个方面进行比对分析。

最后生成一份分析报告，看是否对设计方案有所帮助与启发。如果短期实现不了，则可以在未来的产品上使用。

一个产品的功能或特性设计，要考虑它的市场需要、设计成本、技术可行性及对未来产品的兼容性。设计规格的提出是收敛而不是发散问题，一旦定位确定，就不要改变设计方向，除非设计过程进行不下去。这些因素都是在竞品分析时需要认真考虑的。

总之，在产品可行性分析阶段，初期需要将之前已有的知识、经验、结构与图纸等进行共享，需要设计的主要管理者及参与者敲定满足需求的设计的方向、难点、重点及主要框架，并采取团队头脑风暴等方式找出最佳设计方案。在这个过程中，对暂时解决不了的问题进行记录，以便后面单独进行专题研究；同时，对设计过程中发现的新问题进行定期讨论，给出团队讨论后的可行解决方案。如果相关人员在某些关键需求的技术实现方面有类似的设计实践经验，将对可行性分析结论提供巨大的支持。

6.2 | 建模和仿真的应用

6.2.1 什么是建模和仿真

1. 建模和仿真的概念

建模和仿真是可行性分析中的一种有效手段，随着人们实践经验的不断积累及计算机软硬件技术的迅猛发展，在复杂产品的设计中起到越来越重要的作用。

当我们逛商场的时候，会看到服装店门前总是摆放着几个姿态各异、穿着不同服装的模特假人，以吸引消费者的注意，使人们联想到自己穿着这些衣服时的效果。当我们去看各种楼盘的时候，会看到售楼处有一个巨大的楼房沙盘，将整个小区的布局、周边设施的分布及环境都展现在购房者面前，以吸引购房者的注意。当我们需要装修房子而咨询室内设计师的时候，设计师会用计算机从各角度展示装修前后的三维效果图，以确认装修的色调与风格。上面这些都是模型在日常生活中的应用，可以帮助人们在没有拿到或设计出实物时就对最终产品有一定程度的了解。人们可以通过观察或与模型进行相应流程的互动，体验最终的结果，做出相应决定，而不是花费了大量的财力、物力及等待时间，在拿到真正实物后才发现不是自己需要的。

模型通过对实物进行抽象的方式展现产品系统的表征、特性等，能够以更加经济和快捷的方式给出评估或体验的结果。这就是模型的益处。

产品设计与开发过程中的需求所定义的产品就是需要研究的对象，而模型就是对产品系统某些关键特性的抽象，仿真就是通过对模型的实验达到研究产品系统的目的。模型和仿真互相配合，前者抽象成系统或相应过程，后者则通过改变各种不同的变量和环境来确认系统或相应过程的反应结果，从而达到全面研究实际产品系统的目的。

通过建模与仿真的方式，可以快速检验一个设计方案是否可行。仿真模拟能够大大缩短设计周期。对设计方案进行建模并进行一定程度的仿真，能够降低对大量原型制造的需求，节约传统原型开发、早期实物测试等所需花费的人力、物力及宝贵时间。

2. 模型的分类

模型的分类有很多种，在此将模型分为物理模型、概念模型、数学模型和仿真模型。[28]

1）物理模型。一种是指根据几何外观相似原理而建立的实体模型，如前文提到的沙盘模型，仅供外观展示。一种是指物理效应设备，能够反映出某种物理特性，如负载模拟器。

2）概念模型。针对一种已有的或设想的系统，将其组成原理、目标要求、开发过程等，用文字、图表、技术规范、工作流程等文档来描述，反映系统中各种事物、实体、过程的相互关系，以及运行过程和最终结果，对系统进行非形式化概念框架描述。

3）数学模型。采用数学符号与数学关系式对系统或实体内在的运动规律及与外部的作用关系进行抽象，并对某些本质特征进行形式化描述。

4）仿真模型。将数学模型通过某种数字仿真算法转换成能在计算机上运行的数字模型。

3. 建模与仿真应用举例

两千多年前的《孙子兵法》提到："夫未战而庙算胜者，得算多也；未战而庙算不胜者，得算少也。"近代的兵棋推演也是在知己知彼的情况下，以对战双方的各种边界条件及各项参数为基础进行战争模拟，在初始条件比较明确，边界条件及精密计算的方法比较成熟的条件下，进行各种可能性的判别，从而得出战争是否能够取得胜利的结果。这就是一种建模与仿真的应用，从一定程度上得到可以预测的各种结果，并且加强人们的军事决策能力。另外，人体模型、建筑模型、地图等，都是对实物进行考察后的抽象化、简单化，简言之就是对现实世界中事物的特定属性的抽象。这些都是建模与仿真的应用案例。

今天，创新产品的设计越来越依赖于计算机硬件及软件工具的使用，这些工具能够拓宽人们的能力，使人们有能力去设计越来越复杂的新产品。这些产品的复杂度超出了大脑的记忆和展现能力，如复杂的数据及复杂层级的3D视图。人们借助工具大大提升了数据记忆及空间展现的能力，并借助大脑强大的想象力及创造力来设计更复杂的系统或产品，使人们有能力更深地认识自然界及认识人类自己。

随着计算机技术的发展，以及人们对各种实验数据、经验数据及过往数据的积累，人们在一定的认识范围内对各种复杂的事物有一定程度的认知，可以通过对这些经验数据的积累建立起一套可以预测特定事物或现象的模型及框架，以验证新设计是否符合或违背过往类似的设计，使设计的成功率大大提高。

利用建模与仿真技术，可以在项目早期对概念及系统设计的基本原理、方法、样式、性能给予科学合理的分析与验证，从基本数学原理、物理规则、逻辑推理、专业算法及历史经验上证明所构想的概念与系统设计能够满足设计需求，从而更有信心保证后续设计的成功。

6.2.2　何时建模和仿真

现代建模与仿真工作贯穿整个产品设计与开发阶段，可以针对不同的专业领域，在不同的时间点，通过不同的参数或模型对产品建模和仿真的结果进行分析，从而确保产品设计与开发的正确性及合理性。

软硬件相结合产品设计与开发的不同时期可能涉及不同的建模和仿真类型，主要包括如下几类。

1）项目早期。

- 产品设计早期的逻辑电路部分。
- 产品设计的高速信号传输部分。
- 产品可编程逻辑功能仿真。

- 产品的结构和散热设计的建模和仿真。
- 先进算法设计评估的建模和仿真。

2）项目中期。

- 产品程序性能设计仿真。
- 产品可编程逻辑时序仿真。
- 产品中算法性能调优建模和仿真。

3）项目后期。

- 产品生产系统的数学建模、分析及持续改进。[29]
- 产品在潜在应用场景下的性能仿真。

6.2.3 如何建模和仿真

1. 如何建模

人们可以利用各种软件在特定场景下建立模型，同时输入各种设计约束条件，创造出顶层的设计模型。

建模技术既是科学，也是艺术，是连接理想需求与最终产品的桥梁。科学而合理的模型，可以反映出人们所关注需求的核心要素。即使用数学进行抽象的建模，也能够对需要设计的产品进行某种程度的度量，使人们可以在产品真正制造出来之前，就对其关键要素进行有效的认知及合理的特性评估。

建模的实现源于人们对现实需求的理解及针对理解进行的抽象，采用的工具为数学方程或符号框图。抽象过程移除了不起关键作用的其他因素，仅仅关注问题的主要矛盾点，抓住主要问题或关键参数，对其与系统之间的关系或构成进行分析，从而得到期望的结果。

对设计目标进行模型构建，可以参考如下步骤。

- 明确问题，确定系统边界。
- 进行抽象与简化。
- 提出动态假设。
- 确定参数变量。
- 写方程，建立模型。
- 评估。
- 检验测试。

- 结果比对判断。

对于复杂的系统，通常用一个缩略图来定性地描述。考虑系统的原型往往是复杂的、具体的，建模的过程必须对原型进行抽象、简化，把那些反映问题本质属性的形态、量纲及其关系抽象出来，简化那些非本质因素，使模型摆脱原型的具体复杂形态，并且假定系统中的成分和因素、界定系统环境，以及设定系统适当的外部条件和约束条件。对于有若干子系统的系统，通常确定子系统，明确它们之间的联系，并描述各子系统的输入输出关系。[30]

软硬件相结合产品设计与开发过程涉及的建模类型可能包括如下几种。

- 数学模型，如数学算法仿真与调优。
- 比例实物模型，如比例模型。
- 概念图像模型，如三维机构建模。
- 逻辑模型，如流程建模、基本电路功能建模。
- 计算机仿真模型，如软件建模、机构仿真、散热仿真等。

2. 如何仿真

仿真就是在建立好模型的前提下，输入特定的激励，以便验证设计的模型是否满足预期的输出结果。

图6-2是一个逻辑设计仿真过程示意图，该模块能够解析数据总线上特定地址的数据，并采用七段数码管进行显示。从图中可以看到整个操作过程。首先，仿真主设备发起通信，并在数据线上发送"00"数据位，然后在下一个时钟周期发送要进行的操作数据"02"，表示要进行的操作为I/O设备写操作。在接下来的四个时钟周期里，将写入地址"80"的信息送到数据总线上。数据传送完毕后，就传送两个时钟周期的数据位FF。通过仿真波形可以看到，在七段数码管输出管脚上出现的数据位为"11100001"，并且显示字母"FF"，这个数据与预计的数据输出结果一致，从而达到了通过仿真来验证逻辑设计是否正确的目的。

采用数学软件，对下面的衰减振荡函数公式中的常数 x 分别赋予2、3、4参数条件，画出衰减振荡曲线对比图，如图6-3所示。

$$y = e^{-t/x} \sin(xt)$$，自变量 t 的取值范围是 $[0, 4\pi]$

类似地，用户可以在设计相关算法的早期就采用软件仿真的方式进行评估，可以迅速给出期望的可视化比对结果或相应的数值，而不需要花费大量时间去推算或绘图。可见软件具有强大的数值运算和可视化仿真能力。

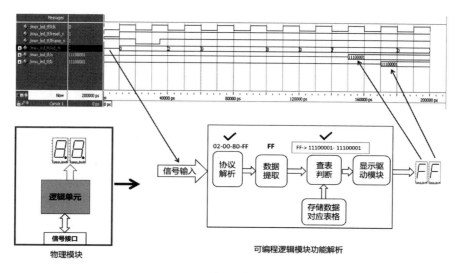

图6-2 逻辑设计仿真过程

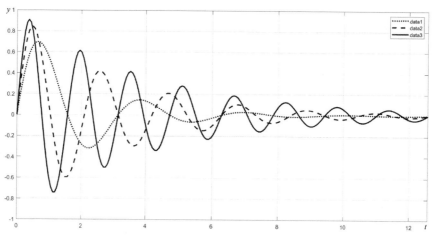

图6-3 衰减振荡曲线对比图

6.2.4 建模和仿真的利弊

1. 建模和仿真的益处

对要研究的产品进行建模和仿真，能够在较短的时间内通过控制关键重要参数了解系统的行为，可以进行重复实验，通过控制或输出不同的参数来验证各种可能的结果或找到最优的参数组合。与实物调试相比，建模和仿真所需时间短，可以从不同角度借助计算机进行验证，扩展了验证的范围，付出的代价小。

通过各种强大的计算机软件技术，可以在项目早期通过建模和仿真的方式，对系统设计进行合理评估，从而在早期就可以对预期的产品有一个大致的认识。

以下是几种建模和仿真的益处。

1）机构建模可以通过早期产品三维模型的建立直观了解产品可能的物理构成形态，可以与需求方及时沟通，确认设计概念是否与需求吻合。如房屋模型、设备模型等，可以给产品需求方或评估方一个直观的认识，并且能够及时给予相应的回复。

2）流程或原型故事版的建模方式使项目干系人很容易理解需求实现的过程与方法，或者相应的交互界面，这样的交互流程也能让需求方比较快速地给出相关的反馈。

3）针对数学算法等相关需求的建模，则是通过数学语言、图形符号或特定的组合参数的构想与输入，并结合相应的仿真激励手段，测试模型自身在特定输入的条件下是否能够达到期望的数值或范围，以确认当前设计是否满足设计需求。

通常来说，建模与仿真并不是一次就能完成的活动，需要经历建模、仿真、实际测试、修正模型、再次仿真、再次测试等，经过多次迭代才能取得满足设计需求的仿真结果。

2. 建模和仿真的弊端

建模和仿真有时是基于理想的场景进行的，可能没有考虑实际使用环境中的参数变化，所以在有些情况下并不能百分之百地得出正确的结果。

1）在产品开发验证过程中，仿真验证的结果是通过，单板调试的结果也是通过，但是安装到系统中进行系统整合调试时发现新问题。仿真有时不能预测由于环境变量变化而与理想环境条件下得出的结果难以保持一致的情况，如传输的导线延长到一个不可忽略的长度后，就可能存在感性参数，从而导致测试失败，这时就需要根据实际情况修正关键参数。

2）显然，对模型及仿真结果的研究能对系统的开发及评估提供巨大的帮助，但是其前提是模型本身对产品系统抽象的正确性、仿真场景与现实场景的吻合程度，所以最终依赖的仍然是数据输入的正确性。它们可以很好地帮助设计出一个优秀的系统，但是不能替代设计本身。

3. 基于模型的工程方法的主要优点及障碍[31]

1）主要优点。第一，缩短设计周期。第二，判断和解决问题的时间较短。第三，由于增加了设计分析和验证的框架，减少了设计循环的测试。

2）主要障碍。第一，采用任何新的设计方法的主要障碍是满足眼下而止步不前，特别是那些已经成功地把设计的电路和系统变成产品的团队。第二，人们认为建模是线下活动，这种活动作为设计过程的一部分太耗时了。第三，额外投资。这既包括对相关仿真软件的投资，也包括对专业人士的培养。这需要决策层对新方法持开放态度。

总体来说，建模与仿真是一种方法与手段，是基于模型或在完全理想的状态下获得期望的结果，其提供的是高可信度的参考。但是若模型本身并没有真正或完整地抽象出实际产品的方方面面，那么这个结果本身也可能存在漏洞或错误。同样，如果仿真激励的条件不够完整或不正确，那么发布的结果也是有问题的。所以关键还是在于设计者对产品需求本身的理解是否正确，对产品设计的场景是否能够考虑全面，软件本身是否有能力达到仿真与建模的要求等。实际上，要结合建模与仿真验证的结果、专家团队的经验及原型机验证的结果共同判定可能存在的风险的发生概率。仿真模型及仿真激励本身也会随着最终产品测试结果进行修正与更新，以便更好地应用于未来的产品设计与开发，为使用者提供更精准的参考结果。

6.3 | 风险管理

可行性分析也可以从另一个角度来理解，就是识别出满足产品需求的各项活动中存在不确定性的程度。针对这些识别出来的不确定性所带来的潜在风险，判断能否通过团队的共同努力进行有效管理，从而保障产品保质、保量、按期交付。

风险管理对项目干系人的价值[32]如下。

- 管理人员。风险管理对所要做出的与项目相关的各种决策具有极大的帮助，有助于完成项目任务，达成项目目标。
- 项目团队成员。风险管理帮助识别可能导致错误的各种情况，提供更加高效完成任务的方式或方案。
- 产品用户。风险管理帮助有效识别真实的需求，使产品的价格能够与产品的真实价值相匹配。
- 供应商及承包商。良好的风险管理可以帮助交易双方更好地计划，同时更好地执行，最后交付双方都满意的结果。

- 投资者等。风险管理必须保证他们能够得到合理的投资回报，风险与投资收益合乎比例与逻辑。

本杰明·富兰克林曾经说过："未来唯一可以确定的事情就是死亡与税收。"在产品设计与开发过程中，总是有各种不确定性情况，举例如下。

- 客户在确认项目规格书后提出变更。
- 项目开发过程中关键技术岗位人员离职。
- 供应商交期延迟，导致生产无法进行。
- 关键零部件质量问题。
- 计划生产前某些零部件短缺。
- 制造问题导致测试样机生产失败。

6.3.1　不确定性三维矩阵

现实中诸多不确定性因素会给产品设计与开发带来风险，这就需要有充分的风险应对措施。如果不能管理好这些可能发生在产品设计与开发过程中任意环节的"意外"事件，产品设计与开发失败的概率就会增加。所以，管理、控制好风险的核心是应对各种不确定性因素。针对不确定性，本书提出了不确定性三维矩阵，如图6-4所示。

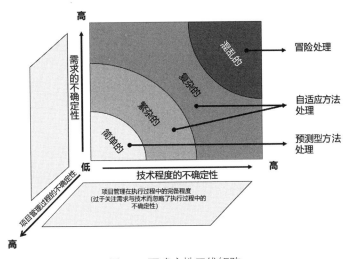

图6-4　不确定性三维矩阵

不确定性三维矩阵在斯泰西复杂度矩阵的基础上增加了项目管理过程的不确定性，在这个过程中，除了要关注需求的不确定性及技术程度的不确定性，还要充分考虑在实际产品设计与开发过程中可能由于项目管理过程的不确定性而导致各种管理过程中的风险。这也是技术管理过程中需要特别注意的地方，因为团队成员的视角可能都不一样，仅仅关注特别的专业领域，而忽略过程中可能产生的各种不确定性。例如，选择的开发方式不满足产品设计与开发的实际需求而导致失败；产品设计与开发团队成员能力不足而导致无法完成任务；产品设计与开发过程开始很顺利，人员变得粗心大意，后面放松管理，导致在最后阶段由于进度问题而无法收场（所谓"老鸟也会坠机"）等。

保证有效控制与应对产品设计与开发过程中不可预料的事件，是技术类产品研发成功的关键。这也是评估产品设计与开发团队研发能力的主要指标。

产品的质量是设计出来的，所以需要在产品设计阶段及工厂大批量生产阶段保证测试与验证的质量，还需要对产品的可测性、测试覆盖率进行较为完整的规划与执行。如果不能保证产品的设计及生产制造的质量，那么这样的产品即便研发出来也是失败的产品。这同样是评估管控技术风险能力的一项重要指标。

同时要注意那些虽然简单但是超出单个团队成员专业掌控的东西，要多请教，集思广益。这些事情可能不需要太动脑筋，却要格外注意，因为它很容易导致一个当事人没有注意，但外人很容易发现的低级错误。

执行新产品开发时，即便有成熟的开发流程、方法及过往开发类似产品的成功经验，但是对于团队，每次设计都是一次全新的旅程。新成员的加入、新物料的使用、新工厂的使用、新一代产品的特性需求等都会在开发过程中带来新的困难与挑战。所以要在产品设计与开发早期就进行足够的风险评估，并对各已知或未知的风险点有所准备，管理好可能存在的技术风险。

6.3.2 风险管理过程

开发软硬件相结合的复杂产品，由于投资大、参与人数众多、涉及领域广泛、产品开发周期长等，需要实施有效的风险管控措施。

这里引用《PMBOK®指南》中的定义进行说明。项目风险管理包括如表6-1所示的几个过程。[1]

表 6-1 项目风险管理过程

条目	过 程 项	过程详细说明
1	规划风险管理	定义如何实施项目风险管理活动
2	识别风险	识别单个及整体项目风险来源,并记录风险特征
3	实施定性风险分析	通过评估单个项目风险发生的概率和影响及其他特征,对风险进行优先级排序,从而为后续分析或行动提供基础
4	实施定量风险分析	就已识别的单个项目风险和其他不确定性的来源对整体项目目标的综合影响进行定量分析
5	规划风险应对	为处理整体项目风险敞口,以及应对单个项目风险,制订可选方案、选择应对策略并商定应对行动
6	实施风险应对	执行商定的风险应对计划
7	监督风险	在整个项目期间,监督商定的风险应对计划的实施、跟踪已识别风险、识别和分析新风险,以及评估风险管理有效性

接下来按照表中的过程说明技术风险管理实施的过程。

1. 规划技术风险管理

1)组建技术风险管理团队,由系统工程师或产品架构设计师主导。

2)发布风险登记册模板,包括各专业领域及开发部门,并且提供给所有团队成员。

3)建立技术风险的登记、更新、汇报机制,如重大风险马上同步等。

4)发布风险管理流程指导文档或说明,如风险不同等级及处理优先级的定义。

5)建立质量风险管理计划,由质量部门牵头管理。

2. 识别技术风险

1)风险识别的方法:头脑风暴法、专家识别,随时记录。

2)识别风险的主要人员,即所有参与产品设计与开发的干系人。

3)时间点。风险识别需要在整个产品设计与开发的生命周期内进行,从开始到结束。

4)识别风险点。产品设计与开发过程中可能涉及的各种新的、独有的、差异化的、复杂的、设计制造困难的产品设计、开发、生产、运维等相关条目,均纳入风险管控范围。这些风险点包括但不限于如表6-2所示的几个方面。

表 6-2　潜在技术风险点识别

技术风险类别	说　明	注　释
技术设计风险	设计过程中的技术风险	设计过程
产品制造风险	产品生产、制造、组装等过程中的风险	开发及生产过程
产品测试风险	产品测试覆盖率的风险	开发及生产过程
批量制造风险	大批量生产的风险，如生产良率、效率等	批量生产过程
产品质量风险	质量目标及如何达成目标的潜在技术问题	开发及生产过程
技术维护风险	产品可维修性的目标	生产及售后过程

3. 实施技术风险分析

1）针对识别的各种风险进行定性和定量分析，并记录。

2）对潜在的各种机会进行定性和定量分析，并记录。

3）对技术风险导致的进度、成本、资源投入等进行分析，同步给项目经理。

4）对于暂时无法确定的风险点，要分析是否有其他方法能够替代实现，给出所需要的可能条件，并记录。

4. 规划和实施技术风险应对

1）在对风险进行综合分析后，团队要给出相应的风险解决方案。

2）将解决方案登记在册。

3）当相应的风险发生时，要按照计划实施相应的应对方案，如表6-3所示。

表 6-3　风险管理及应对方案

风险类别	应对方案	注　释
新技术应用	原型机验证	针对特定技术点实物验证
新模块设计	原型机验证	针对特定技术模块实物验证
新团队	团队建设、培训计划	增进团队了解、促进沟通
新模块引入	测试验证	来料验证
非集中办公和内外团队沟通	沟通规则、文档说明	建立良好沟通机制
进度计划	项目评估	历史经验、专家及执行人评估

5. 监督技术风险

1）项目全程跟踪，监督以上各风险过程。

2）记录，并根据优先级及严重程度上报。

3）全体成员参与。

6. 具体实施

各专业技术开发部门根据系统设计模块划分后所分配的任务，对相应的模块单元进行可行性分析，同时给出几个评估可行的不同设计方案相应的风险点和风险评估分析的结果。

技术风险管理要做好各种预案，以及各种紧急情况的应对措施。为了应对产品设计与开发过程中可能出现的各种风险点，应在设计流程及设计方法上制定如下几点应对措施。

1）通过早期概念设计，及时与需求方进行初步的确认与沟通，以确认真实的需求。

2）通过系统统一设计规划及模块化的方法，降低复杂产品开发的复杂度，从而降低设计风险。

3）通过建模与仿真技术预测设计与期望获得的结果是否吻合。

4）通过数理分析、原型机或简单电路模型的搭建来验证产品最核心的功能部分，从而有更大的信心保质、保量地成功实现项目目标。

5）在方案制订方面，需要不断通过团队层面的合作与沟通来确保产品设计与开发成功。

实战分享

在设计过程中，物料的供应状况也存在不确定性。在设计阶段，关键物料清单一定要提前准备好，系统架构定好后，就需要向元件工程师询问各种物料的供应状况，如果物料面临停产或样品周期无法满足样机生产要求，就必须寻找替代物料或及时采用新的解决方案。在硬件设计过程中，物料的选用至关重要，所以应尽量选用通用的物料，这样产品生命周期会更长。有些产品要求物料的生产生命周期至少在五年以上。但是如果选用的物料太过陈旧，也有可能由于某些厂商后期不生产而导致价格昂贵。如果发现类似情况，可直接与物料厂商的销售或技术支持人员联系，询问是否有最新的物料或升级版本，以降低物料供应相关的风险。

在软硬件相结合产品设计与开发中，技术风险包括但不限于以下几个方面。

- 软件技术风险，如功能不完善，存在缺陷。
- 硬件技术风险，如原理图设计实现风险、PCB布局布线风险、信号完整性风险、系统架构的性能实现风险、系统供电设计风险。
- 测试覆盖率风险，如无法满足质量要求。
- 批量生产制造风险，如无法制造或制造成本高昂。
- 固件技术风险，如固件功能设计风险。
- 散热技术风险，如系统散热设计风险。
- 采购供应风险，如物料供应不稳定。
- 产品可维护风险，如产品无法维护或维护成本高昂等。

6.3.3 风险管控的关键点

风险管控的关键点在于，在产品设计与开发过程中，如果发现计划与实际目标发生偏离，就要及时从技术实现、设计进度、项目范围、所需人力资源、所需费用等角度，查看这些偏差是否真实存在，从而快速纠错或修正。同样，针对不同类型产品的开发，也需要不同的风险管控措施。

1）全新探索型产品开发的风险管控。对于全新探索型产品，因为没有先前成熟的经验可以借鉴，所以在确认需求的过程中应通过不断快速迭代与增量的方式来识别需求，交付有价值的结果。所以风险点在于关注每次交付之前需求的确认，确保交付的结果能够满足实际需求。

2）增强功能型产品开发的风险管控。在有成功项目开发经验与流程的前提下，对产品的功能或特性做增量变更，先前的经验和流程及风险管控措施都可以参考，对增量部分做好相应的预案，同时要对无法预测的情况做好进度与研发费用上的储备。

3）参数渐变型产品开发的风险管控。对既有产品的各项参数进行调整与优化，从而使产品的性能更优。这种项目类型的风险主要在于回归测试覆盖的完整性，因为参数变更同样会影响系统全局的特性，可能表现在某个预估的参数达到或超过了预期的目标，而其他方面却出现了这样或那样的问题。所以在不改变其他参数的条件下，获得某些参数优化的过程需要达到一个新的系统性能的平衡点。

　　针对上面提到的各种风险，在项目早期就要从技术角度做好各种预案，准备好应对的方法和手段。例如，在产品设计与开发完成后，在条件允许的情况下选择两家及以上样品供应商，来降低可能由于某些生产与制造环节的风险导致产品样品不能准时到达的交付风险。

实战分享

　　笔者曾经主导一款全新存储产品的开发，为开发这款产品组建了全新的设计与开发团队，团队中少量新员工几乎没有这类产品设计与开发的经验。开发这款产品对研发、测试、工厂、售后服务等部门来说都是一个全新的挑战，但是基于前期良好的风险评估与管理，这款产品最终如期交付，出货全球。

　　有些产品的设计与开发过程并不是由于技术实现有多复杂才显得困难重重。要保证每个环节都能够按照进度计划有效执行，前提就是评估并管理好各种风险。

本章小结

1. 可行性分析既需要专家，也需要干系人的参与。
2. 仿真与建模是降低设计风险、加快开发进度、减少开发投入、缩短产品上市时间的有效手段。
3. 风险伴随项目始终，项目执行的任何阶段都不能放松风险管控。
4. 风险没有发生不代表没有风险，可能风险并没有被触发。
5. 风险有利有弊，抓住机会使项目利益最大化，预防并及时应对各种威胁，使项目潜在的损失最小化。

第7章
制订设计方案和计划

7.1 产品设计理念

理念在《现代汉语词典》中有两个释义[33]：信念；思想或观念。产品设计理念就是关于产品设计的信念和产品设计的思想或观念，贯穿产品设计与开发的整个过程，需要普及到产品设计与开发的每个参与者。

在制订设计方案的过程中，团队树立什么样的产品设计理念，直接决定着产品是否能够被未来的各种潜在客户接受，并在设计理念上优于潜在的竞争对手，从而获得竞争优势。在产品设计的目标及概念初步明确后，就要对产品开发所需的设计理念进行统一，制定先进的产品设计理念，从而更好地实现项目目标。软硬件相结合产品项目的相关设计目标举例如下。

- 设计一个高性能、更省电、更强大、服务更好的产品或架构。
- 增加效能，更方便未来的扩展开发。
- 制定更通用的标准化接口。
- 采用业界通用的标准化设计。
- 采用成熟的技术降低设计风险。
- 持续提升产品运行效率。
- 兼容市场上更多的模块化设计。
- 在设计层面实现产品模块的通用性，如机器的外壳、控制界面的一致性。
- 成本更节约。
- 减少混乱，提升产品的兼容性。

- 考虑产品未来的设计。
- 采用先进的工艺或制程来设计产品。

产品设计与开发的顶层理念可以采用KISS（Keep It Simple, Stupid）原则，简单来说就是设计越简单越好。其关键点如图7-1所示。

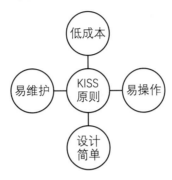

图7-1　KISS原则

产品设计与开发理念的基本面，可以通过诸如产品工业设计、人机交互设计、产品设计文档化等方式来呈现，其核心思想是在满足基本需求后满足人们更高层次的追求，使产品更加时尚、优雅，易于互动及使用。

产品设计与开发理念还可以采用面向卓越的设计（Design for Excellence，DFE）。这里的X表示可以给产品带来价值的产品生命周期中任一阶段、相关因素或各方面的设计，如表7-1所示。

表 7-1　面向卓越的设计释义（部分）

条目	英文描述	中文释义
1	DFA（Design for Assembly）	可装配性设计
2	DFQ（Design for Quality）	面向质量的设计
3	DFM（Design for Manufacturing）	可制造性设计
4	DFT（Design for Testing）	可测试性设计
5	DFI（Design for International）	面向国际化的设计
6	DFC（Design for Cost）	面向成本的设计
7	DFE（Design for Environment）	面向环境的设计
8	DFP（Design for Performance）	面向性能的设计
9	DFR（Design for Reliability）	面向可靠性的设计
10	DFD（Design for Diagnosability）	可诊断性设计

以"面向……的设计"或"可……性设计"作为表达方式，意味着在设计角度对相关方面的关注，执行上更有目的性、集中性，也更容易从专业的角度出发，集中资源来执行。产品设计理念贯穿产品生命周期始终，也需要所有产品干系人共同参与，才能够更加全面地覆盖产品设计过程的方方面面。当然，并非所有理念都适合每款产品，所以侧重点也根据产品类型和定位的不同而有所差别。

实战分享

在实际的产品设计与开发过程中，有些技术人员会执着于一些细节上的东西，只见树叶不见森林，或捡了芝麻丢了西瓜。这也侧面说明了不同的人可能有不同的设计理念。

那些拥有创新设计理念的人才往往能够"融会贯通"。在设计过程中，没有从任何角度看都最好的设计，只有相对最优的设计。你可以用可编程逻辑器件来实现特定的电路功能，别人也可以用微控制器芯片来实现。相同的功能，你可以用简单的逻辑与、或、非门电路来实现，别人也可以用基本的二极管、三极管来实现，当然也可以用你意想不到的设计来实现，更简单、更节约成本、更节能或更节约印刷电路板的空间。所以，没有最好的设计，每种设计实现的方式都有其道理。我们要看到别人设计的闪光点，多思考、多动脑，学习别人的长处。

创造性的设计来源于设计理念的创新。经验丰富只能使你的产品有更好的可行性，但不一定是最具有创造性的产品。经验只能帮助你少犯错，却没有办法帮助你进行创新突破。

在设计方面，你会发现很多人有原创性的想法，也会发现他们在设计一个功能复杂的产品时使用的方法与手段非常灵活，但这并不说明自己的能力不如他们，只不过有时设计的理念过于保守。笔者看到过延续几代的产品设计。从第一代产品到最新一代的产品，你会发现他们的成功是不断积累的结果、优化的结果、实际验证可行的结果，也是不断创新的结果。做设计，特别是电子设计，方法与理念更新太快，技术日新月异，每天都有新的东西、新的理念，所以我们要找到其中不变的精髓，灵活运用与掌握新的东西。不执着于一点，多看、多听、多闻、多想、多问、多动手，还要有一个主要的方向，以及承受挫折的能力。创新必然伴随失败，但谁又能轻易成功？多了解别人的创新，多了解思考问题的方法，多一点主观能动性，再多一点自信，最重要的还是多动脑子想问题。

下面介绍几种软硬件相结合产品的设计理念（部分与生产相关的内容在后面的章节介绍）。

7.1.1 面向环境的设计

全球变暖、极端天气频发、水质污染、土地污染、大气污染、食品有害物质超标等问题给人们带来健康、安全方面的危害，造成财产损失，而且其危害具有持续性和长期性。这些环境问题产生的部分原因是人类自身的活动。

而今，人们越来越认识到保护环境的重要性。关爱人类生存的自然环境既关系着人类的生存，也关系着人类的未来。在产品设计与开发过程中，面向环境的设计逐渐成为共同的设计理念，人们也开始主动选购那些绿色环保的产品。

那么，面向环境的设计究竟应该从什么时候开始，从哪些方面入手，具体如何执行呢？图7-2给出了一种面向环境设计的流程。可以看到，针对不同设计与开发阶段，需要执行面向环境设计的相关活动来完成面向环境设计的任务。

以"有害物质"这个执行方向为例。在设计产品的时候，不仅要考虑设计的产品中不能含有对人体直接产生危害的化学物质，还要考虑这些产品退役时的处理不能对自然环境造成危害。究竟哪些物质可能对人体或自然环境造成危害呢？欧洲联盟立法制定了一项强制标准ROHS，即有害物质限制，其全称是《关于限制在电子电气设备中使用某些有害成分的指令》（Restriction of Hazardous Substances），这项标准规定了产品生产过程及原材料中限制使用的六种有毒物质，包括铅、汞、镉、六价铬、多溴联苯和多溴二苯醚。

以上示例仅仅是众多规定中的一个强制性的规定。实际上，在产品设计与开发过程中，如果充分考虑诸如减少一次性或不可回收物质的使用等设计理念，都能够减轻对环境的破坏。所以，在产品设计与开发及生产的过程中，要在设计选材及生产制造环节执行环保合规的设计理念，这样设计出来的产品不仅在生产及使用过程中对人体及环境无害，还能够在未来的回收过程中得到最大程度的利用。

设计与开发阶段 / DFE流程 执行方向	1.产品需求	2.产品概念定义	3.可行性分析	4.项目计划	5.设计开发	6.测试验证	7.生产交付	8.升级维护
	识别相应需求 →	识别与制定顶层目标 →	制订环境设计方案及指导 →	确定方案及指导 →	执行设计方案完善详细设计 →	检验方案 →	不断迭代优化 →	优化并总结
材料成分								
可回收需求								
可拆解								
能耗效率								
电磁辐射								
噪声需求								
产品生命周期升级								
有害物质	出口欧洲	ROHS强制标准	选件指导	确定选件指导满足ROHS	依照指导设计	检查物料清单	生产过程耗材检查	过程及回顾
其他								

图7-2　面向环境设计的流程示例

面向环境的设计需要在设计之初就考虑产品的整个生命周期涉及的原材料、产品生产制造、运输、使用及退役等与环境相关的因素，同时有所有团队成员的参与，这样才能满足环境设计需求。

7.1.2　产品工业设计

工业设计（Industry Design）简称ID，是指以工学、美学、经济学为基础对工业产品进行设计。大品牌产品都有其独有的工业设计，并申请了相应的知识产权对其进行保护。现实中，优秀的产品都有独特的、标志性的工业设计，用以标识产品及不同设计理念，并且更具识别度。工业设计产权也是一种智慧产权，用来保护产品设计所独有的视觉设计理念。工业设计包括产品形状、配置和特定形状或色彩的组合等的独创性。例如，联想的笔记本电脑设计或华为的手机设计都是独有的工业设计，不但有美学和观赏性，也有易用性和品牌识别度。

人们在认识新产品的过程中，无论是通过概念图片还是实物产品，往往以视觉为第一输入。所以，一个外观或形态设计良好的工业设计产品能够给人留下深刻的第一印象。在产品设计与开发过程中，针对外观设计，也要考虑美学及独特的设计特点，以增强视觉传达的效果。独特的工业设计能力也是团队设计能力的一种体现，是一种很好的产品宣传方式。所以，好的产品设计与开发不但讲究实用，而且要求美观。

在较大的企业中，产品工业设计一般由专业的工程师负责，当然也有兼职工程师或外部专业设计公司。这样逐渐形成产品独特的工业设计标准和模板，以标识自己的产品。产品工业设计在最开始的需求评估阶段就要参与其中。

7.1.3　智能与互联设计

在这里，智能可以理解成产品能够在没有人管理的前提下完成一些之前需要人来完成的操作或数据分析等。例如，机器运行状态的主动上报、故障的自诊断、环境的自感知及相应的应对调整等。具备一定智能的产品能够在使用或运行过程中减少人工参与，从而更好地提升产品运行效率，降低产品运维成本等。所以，具有一定智能特性的产品将节约使用者大量的时间，使产品更容易被使用者依赖，具备更好的客户黏性。

万物互联已经不是一个新名词了，它代表了一种趋势，使人们在已有互联网的基础上进一步实现了产品终端的互联，拉近了与数据的距离，提升了通信效率，建立了新的互联关系，也进一步提升了生产力。所以，产品的智能与互联设计已成为复杂软硬件相结合产品的主流功能，这也增强了产品本身的可升级、可维护潜力，使产品获得了更广泛的应用范围。

智能及网络互联的软硬件相结合产品逐渐获得了越来越多客户的青睐。这是一种趋势，同样预示着万物互联这个理念慢慢成为现实，从而进一步提升社会生产运行效率。

7.1.4　人机交互设计

在实际的使用过程中，特别是需要人与机器进行交互的产品，可能具有各种各样的使用环境，如面对有各种不同专业背景知识与不同年龄阶段的人群、有特定操作习惯的人群（如左撇子）或有一定残疾的人群（如单手操作）。这时就要引进人机交互这门研究系统与用户之间交互关系的学科，从而加强系统的易用性（Accessibility）。

产品的人机交互性是评判产品人机交互设计的重要指标，直接影响用户对产品的评价，从而影响产品的竞争力和生命周期所能产生的价值。在交互设计过程中要坚持简单、明了且易操作的特点，不能站在专业工程师的使用角度来看待用户与产品的互动性。产品的用户既可能是少年儿童，也可能是老年人，还可能是残障人士，所以在产品设计与开发过程中要充分考虑可能遇到的场景及可能使用的群体，从而使产品更容易操作。产品如果具备良好的人机互动性，就将带来良好的客户体验与口碑。

如何增强人机交互设计的易用性呢？这里举几个例子，如表7-2所示。

表7-2　产品易用性设计案例

案例	产品易用性特性	好　　处
1	键盘上 F 和 J 键凸起的脊	方便用户将手放置在键盘上的合适位置
2	手机屏幕字体大小调节	协助用户查看屏幕上的文字或数字
3	笔记本电脑上盖中间的缺口或滑锁	方便用户单手打开笔记本电脑上盖
4	应用程序输入界面闪动的光标	提示用户当前输入位置

由此可见，优秀的人机交互设计可以极大地方便人与机器的交互，提升用户体验水平，增强产品的易用性。

人机交互设计一般需要考虑如下四个问题。[34]

1）系统响应时间。指从用户完成某个控制动作（如按下回车键），到软件给出预期的响应（输出信息或动作）之间的这段时间。

2）用户帮助设施。提供联机帮助设施，使用户无须离开用户界面就能解决自己的问题。

3）出错信息处理。指出现问题时交互式系统给出的"坏消息"。

4）命令交互。使用传统命令行的方式来实现用户和系统软件的交互。

人机交互设计站在系统层面，从软件、硬件、结构、固件等入手。如果有强制法规等要求，在设计过程中也一定要满足，并且作为产品检测退出的一个审核点来进行设计上的确认。

7.1.5　面向RAS的设计

RAS是指可靠性（Reliability）、可用性（Availability）、可服务性（Serviceability）三个英文单词首字母的组合，最早由IBM公司用来描述大型计算机硬件设计的稳健性。[35]大型计算机硬件设计拥有高级别的RAS，意味着系统能够更好地保护数据的完整性，机器能够长期使用而不会失效。现在这个概念被扩展到更加广泛的软件开发等领域，在现代产品设计与开发的过程中，这个设计概念也是非常值得推崇的，可以在不增加成本或具有一定设计附加值的前提下，获得更好的产品竞争优势及产品性能。

下面站在系统的角度简单介绍这三个特性的核心内容。

1）可靠性。这是一种使产品尽可能持续运行的设计策略，保证产品可靠运行。包括错误侦测和自我修复、减少停机的概率，以及输出正确的结果。

面向可靠性的设计原则[7]如下。

- 基础性设计。
  - 原材料与元件可靠性。
  - 系统简化设计。
  - 环境适应性设计。
- 裕量设计。
- 容错设计。

- 边缘性能设计。
- 冗余设计。
- 自诊断、自修复、自寻优设计。
- 网络设计。
- 人机设计。
- 贮存期控制设计。
- 维修性设计。
- 可靠性增长设计。
- 可靠性实验体系设计。

2）可用性。可用性是指即便系统发生了故障也能继续运行。包括减少停机的频率和时间；自我诊断并给出故障的临时解决方案；永不停机或性能下降，可以在线更换或切换故障模组等。

面向可用性的设计，在信息技术领域指的是一个系统或组件是否能够满足预计时间。可用性可以用相对的"100%可操作"或"从未失败"这两种标准来表示。高可用性系统是指经过配置后能够提供全时间可用性的计算机系统。这样的系统通常采用冗余的硬件及软件，从而确保系统在发生故障时保持可用。设计良好的高可用性系统中不存在单点脆弱性（Single Points-of-Failure）。

3）可服务性。可服务性是指尽量减少停机和维护时间。包括简单而快速地维修或更换；精确诊断，避免重复故障；提供精准的诊断数据，实现远程实时报警或现场高效分析定位。

面向可服务性的设计，是指在产品需要维护，或者出现故障或损坏需要维修的时候要易于使用者进行相应的操作并描述与说明问题。在产品设计上，要充分吸取之前产品的各种售后问题，在新产品的设计过程中充分考虑这些因素，减少企业在服务上的资源投入；对消费者来说，总拥有成本（Total Cost of Ownership, TCO）最大，使他们能够轻易解决产品可能出现的各种问题。

7.1.6 面向国际化的设计

全球化和国际化是体现产品竞争优势的重要指标。产品面向国际化的设计主要体现在如表7-3所示的几个方面。

表 7-3 面向国际化设计的类别及意义

条目	类 别	意 义
1	品牌国际化	品牌国际化才能让不同文化背景的人们了解并接受品牌蕴含的意义，并最终接受这个品牌旗下的产品
2	标准国际化	采用国际通用的设计标准和各种模块接口
3	售卖国际化	产品满足在全球主要地区售卖的需求
4	推广国际化	广告推广覆盖产品涉及的国家或地区
5	服务国际化	产品服务覆盖产品涉及的国家或地区
6	采购国际化	实现全球供应链
7	工厂国际化	全球多个地区就近生产或组装
8	语言国际化	采用国际标准语言设计产品说明书和使用方法等

企业要做大、做强，就要与世界级的对手竞争，在全球化的市场中存活，并且获得市场竞争的胜利。国际化的产品需要具备国际化视野的设计人才，所以项目团队中的每个人都需要不断扩展自己的知识领域，设计产品时要考虑不同的人群、文化、环境等因素。

7.1.7 面向产品化的设计

对于大批量出货的产品，在设计之初，就要秉持产品化的理念。产品设计与开发不是做出样品就结束了，产品要经受市场大批量出货的考验，才能把研发、生产等的各项投入进行价值变现。

面向产品化的设计内容如下。

1）从工艺开始。选择稳定的工艺，或者可以通过现有手段持续提升的工艺。

2）测试覆盖的完备性。能够把不满足设计或产品质量要求的产品在生产制造环节筛选出来。

3）充分理解产品可能应用的场景，并在设计过程中把可能导致产品出现问题的因素找出来并解决。

4）针对复杂产品开发过程中已经发现的测试盲点或边界条件，要在设计过程中留有足够的裕量，增强产品场景应用的适应性和可靠性。

5）成本优化。大批量生产的产品，如果不存在绝对的技术差异或领先优势，那么产品的成本就是一个非常重要的权重。

6）合理的质量控制。找到一个合理的平衡点，保证产品达到期望的质量目标。

7）解决客户问题。能够被大量客户接受的产品一般都是真正解决客户痛点的产品，或者在某些方面能够系统解决客户的关键问题。

8）尽可能充分了解市场，了解各种竞争对手的优势和劣势，找到自己产品的亮点。

实际上，面向产品化的设计，总结起来就是简单、便宜、安全、易生产、质量过关、可靠、易维护等几个维度。但是说起来简单，而做起来需要团队不懈地努力，既需要时间，又需要经验，还需要不断更新与优化才能实现。

7.1.8 产品设计文档化

1. 输出文档的重要性

在复杂产品开发过程中，围绕着文档及文档格式，开发的过程和理念一直在不断变化。文档是写出来的，写文档需要花费时间，有时甚至需要占用大量项目执行的时间，是项目执行的一项重要工作内容。

技术开发过程是否可以没有文档呢？答案是不可以。虽然《敏捷开发宣言》[36]强调"工作的软件高于详尽的文档"，但是并没有说不需要文档，而是强调轻文档。同样，"基于模型的系统工程"是把离散的、非结构化的文档数据整合成基于模型文档形式的数据，仍是换一种方式来表述各种需求、设计、数据等。笔者并不赞同唯文档化，把工程师的宝贵时间用在写那些可能没有人看的文档上，但是必要的文档，即承载着产品设计与开发重要信息的文档是一定要有的，这是保证产品的过程数据可以追溯的关键。文档是传达项目信息的关键沟通媒介，依然有其不可替代的作用，即便随着先进技术的发展慢慢开始弱化，但是在可预见的一段时间之内，文档的作用仍然是不可替代的。

那么，哪些文档是必要的呢？这要根据组织文化需要及产品的具体类型而定。很多公司都在不断的项目实践过程中总结出自己的文档类型和内容格式，如表7-4所示。这里仅以软硬件相结合产品开发与设计可能包括的文档类型为例，并不意味着所有类型的产品都适用，仅供参考。

表 7-4 软硬件相结合产品开发与设计文档类型

文档类型	子类文档名称	注 释
产品规格书文档	市场 / 产品需求规格书	
	系统及子系统设计规格书	
	元器件文档	
	各种规范需求说明	
硬件设计文档	原理图文档	
	布局布线文档	
	可编程部件源代码	
	仿真设计模型文档	
	降额分析文档	元器件降额设计汇总文档
机构设计文档	CAD 原始设计文档，2D、3D 等	
	产品组装图	
	散热分析相关文档	
	机构开模设计文档	
	公差分析文档	
	机构分析文档	
	电磁兼容设计文档	
测试相关文档	开机测试计划	首次硬件开机的测试计划
	各阶段测试计划	
	测试治具设计文档	专为生产测试而开发
	测试程序相关文档	
	测试数据	
	测试报告	
	测试脚本和源程序	
物料相关文档	硬件设计物料清单	PCBA 物料清单等
	机构设计物料清单	机构设计的物料清单等
	报价清单	评估报价使用的物料清单
软件和固件设计文档	相关程序设计的源代码	
	静态或动态软件库文件	
	引导启动代码	
	测试软件代码	

文档类型	子类文档名称	注　　释
软件和固件设计文档	测试硬件脚本代码	
	固件更新工具	实现固件更新的工具
	测试验证计划	
	测试验证的各种报告	
工厂相关文档	模具相关文档	机构模具设计文档
	生产流程相关文档	
	测试开发软件	工厂生产流程测试软件
	测试脚本和软件工具	
	质量管控的标准和文档	

2. 文档输出的阶段性和撰写原则

产品进入概念与系统设计阶段，应该由系统架构设计师或系统工程师根据产品需求及系统架构分析撰写系统设计的顶层文档，即产品系统规格书，这是用于项目团队沟通与交流的统一文档。其完整性影响着团队内部沟通的有效性，并且变更部分的记录也承载着团队每个阶段的决策过程，是历史追溯的重要参考。

产品系统规格书制定完成后，模块设计团队根据系统分解的功能定义及市场需求文档中的定义撰写每个功能模块的设计规格书，定义好各种接口、要实现的功能及要交付的性能参数等，这样就可以依据规格书进行下一步产品开发。

另外，在不影响关键信息传达的情况下，文档内容要尽量表述简单、清晰明了，能让相关同行或需要看文档的人看懂，这样才能实现有效沟通。须知，文档是写给别人看的，不是写给自己看的。例如，程序设计一定要严格遵循设计文档的要求，否则设计逻辑就会出现错误和混乱。严格遵照文档的基本要求是正确调试的关键。

如果产品的规格文档定义不清楚或不全面，将导致产品测试计划不完整，从而导致测试覆盖不全面。测试不完整的产品极易在产品后端发生各种各样的问题，既影响交付，又会造成极大的人力与资源浪费，增加不可控的风险，甚至丢失订单。所以，前期环节尽量使文档的内容全面，即便某些具体细节尚待完善，但是主要的目录与功能项目应该是准备好的。

技术人员需要通过文档的方式把产品实现的目标呈现出来，方便沟通，所以撰写技术文档是技术人员不可或缺的一项技能。实际上，技术人员在项目开发的过程中，不仅要写产品的设计文档，还要写开发过程需要的各种专项介绍的培训文档、遇到特定问题时的解决方案文档。这些文档不但承载着数据，还承载着宝贵的经验和团队解决问题的过程与思路。

3. 报告的撰写原则

要理解决策团队需要什么样的报告。新手工程师撰写报告往往按照工程师的做事思维，从过程的介绍开始，将结果分步呈现出来，但是这并不符合决策团队或团队领导的要求。报告是给别人看的，别人并不太关注专业领域的执行步骤、方法和具体细节，更加关注结果的获取。所以在撰写简报等类似的报告时，可以开门见山地把结果或结论展现给读者，把执行的步骤和更多的细节放在后面。这样既可以节约双方的时间，在需要细节的时候又可以详细地呈现出来。

可以采用"二八法则"，最好用百分之八十的篇幅集中讲解关键问题及重点问题，而次要问题简单描述即可，如果有必要，在附录部分进行补充。报告可以依据每家公司的风格，采用简报、表格或文字报告的形式，但是主体内容应该是类似的，如表7-5所示。

表7-5 报告的主体内容

条目	每部分内容	说 明
1	封面	介绍整个报告的名称、撰写者、日期、版本
2	目录	按照逻辑、时间、构成方式等展开介绍
3	首页顶层主旨介绍	高度概括最重要的结论、成果、收获、教训或目的
4	按照目录次序介绍	介绍分析或解决问题的关键方法、手段、步骤
5	总结	优先采用图表或数据比对的方式给出结论
6	附加补充内容	细化介绍前面高度概括的内容，以备不时之需

7.2 | 制订设计方案

制订设计方案实际上是在满足产品需求可行性分析的结果中选择可行的方案，从技术可行性、进度可行性、风险评估结果等角度综合考虑，从而制订出多套可选的执行方案。

这个阶段的难点在于，如何采用系统思考的方式选取设计方案，如何平衡各方案的性能和特点来满足系统整体的设计实现，最终满足产品整体设计要求。

7.2.1　如何制订设计方案

经过前面几个环节的分析、设计及必要的产出物交付，就开始进入制订设计方案的阶段。制订设计方案的阶段将进一步细化达成设计目标所需采取的技术手段或实现方法的细节部分，从而对所要实现的功能或特性有进一步的认识。这个过程中有可能创造出新的方案，或者某些环节更好的实现方法，从而产生实现某个设计目标的多套解决方案。

在制订设计方案的过程中，既需要结合实际的设计需求来搜寻各种满足方案的计划与方法，也需要进行各种市场调研或检索相关信息及资料，在具体方案执行落地前，确保所有可能的技术方向及业界的前沿技术都经过相应的调研，并确保设计的产品采用了主流或领先的技术手段。

为了获得更多有竞争力的设计方案或实现的手段，可以采取多种方式实现多个设计方案，从而找到一条最优的设计路线。

- 如果是全部自主研发的项目，则要求团队提出两个及以上可行的方案，并给出不同方案的优缺点对比结果。
- 如果是外包团队，在条件允许的情况下，则要求多个供应商分别给出不同的设计方案，以及每个方案的特点及实现方案所需的条件。
- 在人力资源允许的情况下，也可以采用"赛马机制"，让多个研发小组设计各自独立的解决方案，并且给出方案的优缺点。

制订方案实际上是一种系统组合创新的过程。当系统中的一个或多个模块发生了设计变更，就会导致其他模块的设计方案同步受到相应的影响。所以方案制订过程需要整个团队共同参与讨论与分析，这样会大大增加方案的完整度，而不是系统中某个部分制订完好，但未考虑对系统中其他部分的潜在影响。

在方案制订的过程中，在技术上，产品架构设计师或系统工程师既要兼顾每个功能单元的细节部分，也要保证系统设计过程中的其他部分，特别是系统内部沟通的部分有清晰的框图或逻辑流程图作为表述，这样就会降低系统被割裂的可能性，大大减少整体设计方案反复迭代的次数。

制订项目顶层设计方案时，主要关注如何通过各种技术手段满足技术产品需求，可暂时不考虑相关技术以外的制约因素。在这个过程中，团队要紧密合作，给出通过可行性方案评估的各种单元模块的设计方案，然后制订出系统级别的设计方案，并且全盘考虑各种制约条件下方案的对比结果，作为下一步选择设计方案的参考。

在方案设计阶段，由于设计团队组织模式和规模不同，可能是一个团队出具不同的设计方案，也可能是多个团队出具各自的设计方案，或者由外部供应商根据顶层的系统需求给出各自的设计方案。在这个过程中，不要对方案进行早期评判，而要在尽可能满足限制条件及开发框架的前提下，鼓励团队尽量创造出多个设计方案。

设计方案的制订过程，实际上就是在可行性评估阶段后针对整个系统的各种实现方式进行进一步的细化与分解，从而找到每个设计方案的优缺点，并采取评估报告的方式，整体给出一个简单的对比列表，方便在选择方案时优中择优。

7.2.2 如何实现产品早期报价

在软硬件相结合产品的设计过程中，当最初的一个或多个设计方案制订好后，会形成一份电路原理图草图及系统构成的主要部件，如机壳、风扇、电源等。其中应包括主要的电子元件和核心芯片，这些也是物料清单的主要部分，作为评估阶段的重要报价参考。

同时，为实现一些特定的功能，在选取主要高附加值芯片时还要进行取舍与均衡，这是因为某些主要芯片制造商可能与公司存在战略性合作而被优先选择。

如果能在设计初期就通过团队的深入讨论确定整体系统架构，那么后期的执行将得到非常大的助力。前面多花时间思考是值得的。尽量使设计的成本降低，使产品更具市场竞争力，这也是考验设计工程师功力与实力的地方。

7.3 | 选择设计方案

这里提到的选择设计方案指的是系统设计方案层面的选择，而不是某个技术领域方案的选择。一般来说，选择不同的实现方案最终影响系统整体方案的构成，从而引发不同维度的设计权重选择。有些方案耗时，有些方案费钱，有些方案风险低等，这就需要根据实际情况做出合理的决策，从而保证设计从项目整体角度来看是最优的。

方案的选择一般需要经过以下四个步骤。

- 分析。分析需求。
- 综合。综合给出多个方案。
- 比对评价。比对并评价解决方案。
- 选择。在已有解决方案中选择一个认为最优的方案。

7.3.1　综合评价的方法

衡量系统设计方案，应该有一定的指标或标准作为参考。以买手机为例，每个人的标准和关注点都有所不同。

- 大尺寸的显示屏幕。
- 支持插入两张手机卡，而且能同时待机。
- 电池容量大，待机时间更长。
- 有更大的数据存储空间。
- 自带更多的娱乐功能。

数值比对比较容易进行量化比较。如图7-3所示，采用雷达图的方式比较两个不同的设计方案，这种可视化的比较方式更容易快速找出方案之间不同维度的差异点。设计方案的选择可以至少从五个维度来进行，如开发时间、开发人力、方案风险、开发费用及项目范围。实际上，选择设计方案要站在整体上看，因为不同的干系人对不同的维度有着不同的需求。

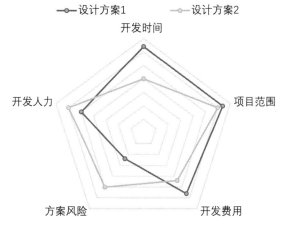

图7-3　设计方案雷达图比对

事实上，根据产品不同，比对评价可参考的维度有很多，举例如下。

- 评价对象、主体、立场。
- 评价尺度、评价指标、维度。
- 性能参数。
- 进度周期。
- 可参照模型。
- 投入产出比、收益分析、资源投入。

7.3.2 如何进行方案终选

团队中不同的干系人立场不同，对各种方案有着不同的想法，所以就要采取一些手段，以决定在有多个备选方案的前提下如何选择最终的设计方案。可以采取如下几种方式做出终选决策。

- 客户选。客户根据自己的需要进行具体方案的选择。
- 项目发起人选。项目发起人决定最终选择哪个设计方案。
- 团队投票选。开发团队通过投票的方式进行排序选择。
- 针对不同维度设置不同权重的比较选择法。根据项目的实际情况进行选择，这里的实际情况是指对进度的严格要求、对资金的投入要求、风险承受能力、投入产出比等因素。
- 迭代选择法。例如，针对软件应用类产品，在需求不明确、市场前景不太明朗的前提下，可以采用敏捷开发方式，根据已经评估的方案快速交付可用交付物，以试探市场对产品的反应，进而通过一次次增量迭代的方式逐步满足客户需求。

另外，针对多目标决策，《项目决策》这本书也给出了可参考的方法[37]，可以应用于不同的决策环节。

- 将所有非货币度量标准转换为货币度量标准。
- 使用具体的模型和方法，如评分模型等。

无论具体采用哪种方案，都需要根据企业及研发自身情况来制定相应的规则或计划，绝不能拍脑袋决定。下面介绍几个思考的维度，说明技术方案筛选的过程及判别依据，希望对读者有所启发。

1）多方案风险综合分析。开发团队在制订多个方案后，需要对每个方案的各维度给出相应的评估参考，如表7-6所示。

表 7-6   设计方案风险综合分析

评估维度	影响范围	备 注
技术实现风险	不同方案所需的理论、生产、组装等	要选能实现的方案
技术复杂度	实现功能的不确定性	复杂度可能带来隐形风险
实现成本	每种方案所需的成本评估	比较方案之间的成本差异
实现周期	每种方案所需的进度评估	比较方案之间的进度差异
生产复杂度	工厂生产工艺、流程和组装步骤	不同方案的生产成本差异
可靠度指标	每种方案的设计对可靠度的要求	不同方案的可靠度差异

2）多领域专家参与。在技术风险分析的基础上，项目经理还会结合项目需求，组织各领域的专家共同分析，综合考虑项目的进度、成本、范围、风险、人力资源条件等参数，给出方案选择的最终决策。每项评估的权重不一，可以根据当下的关注点进行不同角度的评估，如产品线完成度、技术突破、技术积累与语言、优先抢占市场、跟随竞争对手策略等。

3）追求整体最优原则。设计的突破，需要单点专业技术的突破，更需要系统上的突破，全优的单体不一定能够设计出最优的整体，因为优点的反面可能是很大的缺点或潜在的弱项，这些都需要不同功能模块之间相互补强，以达到整体最优。

4）系统方案决策。可以参考霍尔三维理论及软系统方法论。产品系统设计的过程既要考虑内部环境，也要评估外部环境的各种约束，探讨在设计上应该如何有效平衡各种条件来达到系统设计最优，并思考在这些条件的约束下，需要采用什么样的手段达成产品真正创新的目标。总之，要在产品的整个设计开发过程中达到市场及系统最优，实现创新设计，在一段时间内产生独有的产品竞争力。

7.3.3   使用平衡木技巧

1. 项目创新开发与决策过程中的平衡木技巧

在项目开发过程中，每个人关注的点都是不一样的，甚至是相互矛盾的，如既要重量轻，又要具有更大的强度；既要支持更多的功能，又要赶工期及时交付等。产品设计与开发决策，其实就是找到各种相对优化的动态平衡点，而这些平衡点的开发过程，并没有一个完美的步骤或数学模型能够准确描述，需要工程师通过不断地深入实践来摸索与总结。创新设计的结果也是一系列有效沟通与在系统层面达成动态平衡后决策的结果。

随着认识的深化和技术的进步，人们会追求更高的设计水平。而把技术部门所谓的隐性知识，也就是"只可意会，不可言传"的知识变成可以抽象出来的技术标准或方法，需要不断努力。

在项目执行过程中，平衡也无处不在，如下面几个例子。

- 平衡团队之间针对资源协调的矛盾与冲突。
- 不同部门工作交叠的地方如何合理分配。
- 设计要实现系统整体上的最优。例如，集成电路设计包括三大因素：性能、成本、功耗。这三个因素彼此制衡，达到动态平衡，才具有市场竞争力。

2. 工程师也需要平衡木技巧

如果探讨专业工程师与系统工程师工作上最大的差别，那么对于系统平衡的掌控能力是必然要提及的。专业工程师思考问题的着重点在于如何在本专业领域内使设计的技术水平最高，从而体现专业开发能力；系统工程师则需要找到各模块之间动态平衡的最优点，找到平衡木上能够实现整个系统运转效率最高的那个平衡点，从而达成系统设计最优化。着重点的不同源于思维方式的不同。实际上，两个职位并不是层级直接提升的，也就是说，资深的专业工程师并不一定马上就能够胜任系统工程师职位，而需要转换观念，全局思考、系统思考。可以说，一个合格的系统工程师是"走平衡木"的高手，能够在不同模块之间带领团队找到一个平衡点，使系统设计最优；而资深专业工程师则是纵深领域的王者，在本领域内把各种限制下的功能模块做到最好。所以，在创新产品开发的过程中，既需要专业最优化，也需要在各专业的配合基础上绞尽脑汁达到系统设计最优化。但这绝不是系统工程师或架构工程师一个人就能完成的任务，而是需要整个团队不断磨合与调优，才能达到一个相对的最优平衡点。在不同的场景下，或许还有其他可能的选择，需要团队继续合作，持续挖掘。

很多情况下，创新设计技术方案决策的过程是在特定约束条件之下的折中选择，因为更好的设计方案可能意味着更多的研发费用、更长的项目开发时间或更高的设计风险。所以，设计方案的决策是一种系统工程，特别是复杂高风险的创新系统的设计方案，决策过程更需要非常小心与谨慎，因为一旦决策敲定，就意味着巨大的人力与资源的投入，任何重大变更都会引发很大的项目风险。

对于互联网和软件应用的产品开发，在个别情况下，只有远景目标及模糊规划，在没有得到客户反馈之前，并不知道市场的真正反应，所以这种类型的项目会采取更弹性的方案选择计划，也就是敏捷方法，在看到一个商机后快速设计一个可以使用的方案，通过不断地试探市场的反应，进行有效修正与跟进，从而最终设计出满足市场需要的产品。

7.4 制订设计计划

7.4.1 何时制订设计计划

设计方案确定后，项目团队就开始制订更详细的项目计划，包括技术方案的实现方法、技术开发活动的详细分解、执行进度的细化评估、产品开发前的各项文档准备工作，以及包括整个执行方案的细节部分的前期准备工作。

7.4.2 如何制订设计计划

1. 参考历史经验

实际上，如果有过往的项目经验可以参考，将极大提高产品设计与开发计划的准确性，增强对各项不确定技术风险的把控。

2. 借鉴专家团队的建议

在项目开发过程中，可以充分参考借鉴公司内部资深专家或行业专业咨询专家给出的评估与建议。

3. 获得供应商的设计参考文档及专业文献

现代复杂产品的设计，实际上是一个不同层级的系统整合的过程，没有一家公司能够不依靠外界的技术或产品方法而设计出业界领先的创新产品。所以，在设计过程中，要与各软件或硬件供应商进行及时、有效的沟通，获取行业最新的产品或技术信息，从而更好地为所开发的产品服务。

明确设计方案后，就可以与相应的软件或硬件供应商针对个别技术实现的部分有效沟通，从而获得更有价值的信息。因为供应商的其他客户对自己的产品及相关应用可能已经有了比较成熟的解决方案，可以帮助加快产品的开发过程，降低新技术应用可能带来的各种风险。

同时，可以积极查询业界相关的代表最先进技术的文献或产品资料，了解哪些新的技术方案已经有成熟的应用案例或相关调查研究。这些都有助于提升方案执行的效果，降低产品研发的技术风险。

4. 输出更详细的设计文档

在软硬件相结合产品的设计过程中，依然需要给出相应阶段的各种设计文档，以便让产品开发工程师充分了解需要开发的主要框架。现在软硬件相结合的技术已经可以在一定程度上让工程师在没有拿到实际的硬件设计之前，就在相应的专用仿真软件上对所设计的软硬件部分进行大致的顶层设计与执行层面的前期仿真，这样可以让设计者更有效地在真正执行的早期评估出当前设计阶段可能忽略的细节部分。

基于以上早期预研与有效评估，可以在真正开始设计之前就对产品有清晰的认识，对需要突破的技术难点有一个合理预估，对项目执行的风险点有更加清楚的认知，并制定相应的应对预案与策略。

5. 确定与外部合作的模式

实际上，整个产品设计与开发工作可以存在多种合作模式，并不是单纯地由一家公司把整个项目的所有过程执行完毕。但无论采取何种模式，产品设计与开发本身的工作内容和大致流程是没有本质变化的，变化的是价值链的合理分割，每家公司专注于自己最擅长的领域，从而使整体收益最大化。

常见的产品设计与开发模式一般有以下三种。

- 完全自主。完全自主设计、开发及生产。
- 外包开发与生产。自主设计、合作开发、外包生产。
- 外包生产。自主设计与开发，外包生产。

从以上三种模式可以看出，产品设计阶段的工作和执行的内容是一家公司最具价值的核心部分，核心部分的资料和过程是需要特别保护的关键部分，是要在公司内部完成的。而开发和生产环节，对于软硬件相结合的产品，就可以有更多的选项，可以根据每家公司不同的资源和能力及战略关注点而采取不同的选择。

如果选择外包的模式，就意味着技术团队不但要与公司内部的各部门进行紧密沟通，还要与外部不同公司的技术团队合作，这时流程与文档的优势就体现得更明显了。所以，在选择外包模式的情况下，流程和文档的完备性要求反而更高。内部开发可能由于先前的经验、流程的默契、公司文化的趋同而弥补流程或文档的不完备，但是与外部沟通，每个项目重要活动、每笔项目花费都要清清楚楚，才能保证顺利交付项目。

6. 进行必要的内外部培训

项目必须充分合作与沟通，才能保证真实信息的有效传达，仅仅有文档还不够，必要时还要有充分的培训，使大家的理解是一致的。所以，在项目确定设计方案、制订计划的过程中也要进行相应的培训，确保整个团队都能够理解需要设计与开发的产品究竟是什么，需要每个部分的成员执行什么样的项目活动来满足产品交付的需要。

本章小结

1. 产品设计理念是否领先，在一定程度上决定了产品未来在市场上能否领先。
2. 方案的制订要避免闭门造车，可以广泛收集、参考内外部的资料和信息。
3. 制订技术设计方案时，先考虑如何尽可能地用多种方法来实现，从而尽可能地提出多个方案。
4. 多个方案决策可以从多个维度进行。
5. 制订设计计划要注意文档的输出和精心准备的培训，保证沟通高效、准确。

| 第3部分 |

产品开发实践

产品开发实践是确定了项目的具体设计方案，并且通过公司决策层批准后，执行产品具体开发的阶段，是产品由设计蓝图变成实际可交付物的过程。

为方便读者理解产品开发阶段的整个过程，本部分按照如下次序进行介绍。

- 第8章，产品开发阶段协调。本章主要介绍产品开发阶段所需的各种准备与协调工作。

- 第9章，功能模块开发。本章主要说明不同类型模块的具体开发过程，并介绍各功能模块在系统开发过程中应兼顾的整体设计思考、技术协调与统一管理活动。

- 第10章，产品测试。本章主要介绍产品系统整合方法、测试过程、复杂问题处理方法和典型问题解决案例。

- 第11章，生产交付和运维。本章主要站在产品设计与开发成员的角度介绍产品生产、交付与运维的目的、意义和过程等。

产品开发阶段的任务是在产品设计阶段确定的设计方案的基础上实现产品最终落地，在这个过程中，开发团队围绕设计目标执行各种专业领域的开发活动。开发团队中不同专业人员并非孤立地执行相关任务，可能存在设计上的交叠与关联，因此本部分也会说明在产品开发阶段，软硬件相结合产品开发过程中团队的配合方式，让读者站在系统层面了解开发过程，并通过各种实际案例说明在这个过程中各种交叉领域复杂技术问题的沟通协调方式和解决方法。

不同部门之间良好配合的重要性，可以参考如下几种情况。

（1）产品硬件设计方案的选择会影响机构布局，而机构布局的变更会影响散热方案设计，散热方案设计对线缆布局也会有影响，线缆布局同样会影响运维的操作，特定的线缆走线可能影响电磁辐射等。

（2）产品中固件的逻辑设计会影响硬件的行为方式，从而对整个系统运行方式产生各种影响。

（3）产品软件的非预期行为会直接或间接导致系统出现各种奇怪的问题，如软件问题可能导致程序进入死循环，就有可能引起处理器极端过热，如果处理不好就可能导致系统频繁死机或重要数据丢失。

（4）其他模块的设计对系统整体的各种潜在影响等。

产品中所有模块都不是孤立的，从整体上看，都是相互关联与相互制约的，所以要澄清开发过程以什么为主线，在这个主线的前提下，又能够以什么方式顾及设计过程的方方面面。同时，在这个过程中一定会遇到各种各样的问题，这些问题在抽象的概念设计、系统架构搭建过程中可能碰不到，因为有些细节问题必须在实际的执行过程中才可能发现彼此之间的关联与制约。本部分也会列举相应的案例，说明应该如何避免和处理类似情况。

相对于软件的设计，软硬件相结合的产品以物理实物为主线进行解释说明可能更易于新手或不熟悉系统整体的读者理解。另外的角度是，与硬件相关的开发一般是产品设计与开发过程的关键路径，因为固件或软件可能都需要在硬件准备好的前提下进入系统的测试过程。基于这些原因，本书接下来会围绕诸如硬件电路设计这样的实物开发主线进行说明，其他专业部门会围绕主线展开。这里强调的主线并不等同于其在系统开发工程中的重要性与权重，只是更易于读者理解。实际上，这样的过程也可以从固件或软件的角度展开。

第8章

产品开发阶段协调

8.1 产品开发前期准备

经过设计阶段的评估、准备且通过正式审批后，在正式进入开发阶段之前，开发团队还要做好前期的准备工作，主要包括如下几点。

1）确保人员到位。保证产品开发所需的各领域技术专家都已经到位。可能有部分实际执行项目工作的人员并没有参与到前期的项目评估过程中，或者参与前期评估的专家并不会真正进入具体执行活动，这时就要确保具备相应开发能力的人员能够及时参与项目开发过程，及时了解项目需求、选择的设计方案及具体项目活动。

2）强调团队沟通。团队技术交流需要更紧密。这个阶段涉及具体的项目执行，虽然团队成员已经有了前面阶段的合作，但是更深入的细项设计部分可能需要不同专业的工程师面对面坐在一起，逐项讨论，才能够确保设计完整。

3）制定汇报机制。在产品开发过程中，负责开发的技术团队随时都可能遇到各种各样的设计问题，这就需要建立一套合理的问题汇报机制，让发现的问题能够及时反馈到相应的技术负责人处，这样就会加快问题处理速度，提高执行效率。

4）保证资源到位。工程技术人员要确认开发所需的各项资源都已经到位，包括开发工具、测试设备、各种资料及样品等，确保在开始开发时所有需要的工具及相关的测试资源等都已经准备妥当。

5）完善文档。确保各类开发所需文档已经完善，尽量在产品开发涉及的技术范围内拿到所有相关设计文档，并且确保对已经发布文档的技术内容部分没有异议，可以按照既定计划去完成所需完成的任务。这样做的目的是，让团队成员搞清楚系统各功能模块之间的关系，站在系统角度辩证看问题。

6）明确各项产品设计与开发规则。面对完全相同的问题，两个设计师可能实施完全不同的解决方案，除非应用规则来加强共性。也就是说，在产品开发之前需要把所有相关的技术规则、要求及标准都制定好，确保开发过程和结果一致。

8.2 | 开发流程的适应性

8.2.1 为何需要适应性

在软硬件相结合产品的开发过程中，由于不同产品的构成和复杂度有所不同，产品中不同子系统或模块单元所需的开发节奏与方法也可能有所不同，所以在开发过程中，可能既要兼顾硬件模块的设计与开发流程要求，还要满足软件开发流程的特点，这就要求产品设计与开发流程在综合设计上能够具备一定的适应性，从而兼顾整个复杂产品开发过程中可能遇到的不同功能模块需要采用不同类型开发模型的问题。产品设计与开发的最终目的是交付产品，至于如何交付产品，每家公司甚至每个产品的开发过程都不可能完全一样。在具体产品设计与开发过程中，就需要团队能够适应多种不同开发流程并存的情况，即不同的模块在整个产品设计与开发过程中可能采用不同的开发方法，如硬件类产品的预测型开发方法、软件类产品的敏捷开发方法及软硬件相结合产品的迭代与增量型开发方法等。

管理并适应一个项目中存在多个不同开发方法以满足不同功能模块开发需要的关键在于深刻理解几个主要开发流程的思想精髓。长期应用瀑布开发流程的工程师在不了解适应性产品开发流程的前提下，会对适应性（包括敏捷方法）开发流程的方式与方法非常不习惯，甚至排斥与不理解，他们不但不会对开发有帮助，有时甚至起到相反的作用。在这种情况下，团队就要在开发类似产品的早期，通过提前培训等方式让团队成员尽早了解产品开发过程的不同阶段可能使用不同的开发方法。如果项目经理或系统工程师能在项目前期进行充分准备，则可以大大减小在项目的执行过程中可能遇到的各种阻力，从而有效地加快产品开发。

项目整个生命周期中使用的模型可能不局限于一种。可以把产品设计与开发看成两个大的阶段，如图8-1所示。

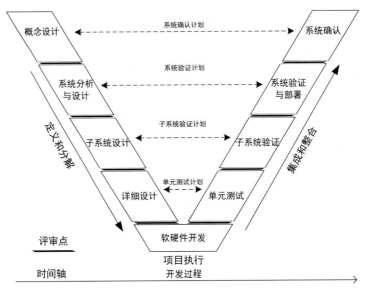

图8-1　产品开发验证V形模型

但是，当系统足够复杂的时候，整个系统的设计就可能存在多个迭代的过程，同时需要识别执行过程中的各种风险点，所以在实际项目执行过程中，可能有设计的修改及测试过程的重复。在这种情况下，可以考虑采用适应性开发方法，如图8-2所示。

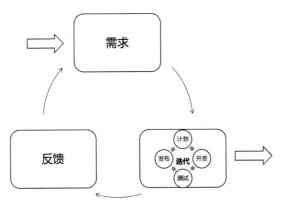

图8-2　适应性开发方法

图8-3为计算机开发进度计划。从图中所示的电路修改等活动（虚线框表示）可以看到，当诸如硬件电路开发的部分在第一轮的测试验证过程中发现设计问题，必须进行硬件设计修改时，就会在开发阶段中增加新一轮开发与测试验证活动，以满足产品开发的需求，当然这种情况也可能导致整个开发进度变更。

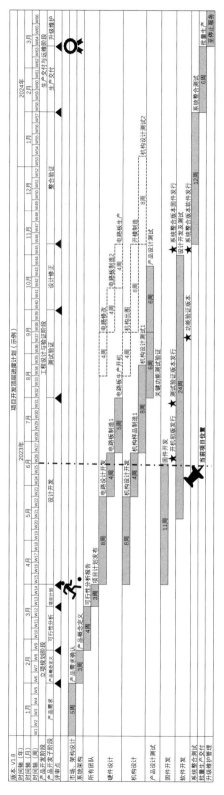

图8-3 计算机开发进度计划

如上所述，多轮硬件设计修改与测试的情况在实际开发过程中是存在的，特别是系统复杂度过高、产品开发采用了全新的设计技术或未曾验证过的生产工艺等情况，这就需要类似的迭代手段来保证产品最终设计的成熟度。下面简要说明不同测试阶段的迭代情况。

1）单元模块测试。系统最小单元模块的设计、开发与测试。可能有多轮迭代。

2）系统设计验证。用来作为系统设计验证阶段的分析，从研发角度分析系统设计是否满足系统要求。可能有多轮迭代。

3）系统整合确认。用来验证系统是否满足最终产品的设计要求。可能有多轮迭代。

以上设计方式实际上也适合与硬件单元相配合的软件和固件的整个项目开发过程，所以在实际产品开发过程中，还要针对具体产品特点及不同风险程度进行合理评估，在合理评估的前提下对产品开发过程中的不同阶段采用不同开发模型，而非仅使用一种开发模型来满足整个产品设计与开发的需要。

8.2.2 开发流程参考案例

针对不同复杂程度产品开发流程的适应性，下面列举几个案例。

1）一种温度传感器简要开发流程，如表8-1所示。

表 8-1 温度传感器简要开发流程

阶段	子阶段	阶段任务	活动细项
产品设计	1．产品需求	市场调研	1）客户根据自己的实验或工艺要求提出相关参数及各种条件下的要求； 2）销售或市场人员接到相应的技术参数需求，反馈给公司技术开发等部门
	2．产品概念定义	分析客户需求，提出概念设计	产品负责人牵头组织研发及生产等相关人员讨论相关可行性，确认是否具有能力与资质从事相应的设计与制造，然后初步探讨可行方案
	3．可行性分析	提出几组可行方案，与客户互动，获得反馈	1）提出几组方案，并比较； 2）与客户沟通需求细项，收集反馈
	4．项目计划	1）准备相关文件，如标准、图纸、大纲； 2）评定实验，如工艺、包装、存储、相关手册等； 3）立项	1）质保，如质量计划； 2）由技术部出图，设计出相关大体结构与实验方案，继续通过实验验证设计方案是否正确，采购相关设计实验所用材料与元件

续表

阶段	子阶段	阶段任务	活动细项
产品开发	5. 设计与开发	1）整体设计； 2）组成部件设计； 3）装配图设计； 4）外协加工清单	1）依照设计图纸及相应部件，制作样品； 2）根据设计方案制订相应的产品测试方案
	6. 测试验证	1）验证工艺； 2）评定结论，如成品实验、老化、抗震等	1）根据样品测试结果，制订多种方案进行比较，同时关注其他相关参数； 2）结合各种已测试数据，与客户参数进行对比，与客户协调解决相关问题
	7. 生产交付	1）测试样机生产； 2）产品批量生产	1）制造样机，如相关实验、测试等； 2）如果最终投标成功，则总结立项，撰写申请新项目报告，同时进入小批量生产整体周期测试；如果投标不成功，则同样总结经验，并将设计备案
	8. 升级维护	售后服务	产品生命周期管理

2）一种生产测试设备简要开发流程，如表8-2所示。

表8-2　生产测试设备简要开发流程

阶段	子阶段	阶段任务	活动细项
产品设计	1. 产品需求	收集需求	1）收集自主新产品开发生产测试需求； 2）收集外包新产品开发生产测试需求
	2. 产品概念定义	1）分析客户需求，提出概念设计； 2）给出概念设计报告，进行早期客户沟通	1）根据产品所需测试的科学原理制订测试方案； 2）根据产品的外观和物理尺寸配置与之配套的测试设备
	3. 可行性分析	1）分析技术及生产实现可行性； 2）提出几组可行方案，与客户互动获得反馈等	1）提出几组方案，并比较； 2）与客户沟通需求细项，收集反馈； 3）初步的预算、进度、风险分析； 4）预估测试覆盖率和测试效率
	4. 项目计划	1）准备相关文件，如标准、图纸、大纲； 2）评定实验，如工艺、包装、存储、相关手册等； 3）客户评审，批准立项	1）质保，如质量计划； 2）详细的预算、进度、风险分析； 3）详细的系统构成及设计计划； 4）主要外购测试设备清单； 5）客户互动答疑

续表

阶段	子阶段	阶段任务	活动细项
产品开发	5.设计与开发	1）整体设计； 2）组成部件设计； 3）装配图设计； 4）外协加工清单	1）原理图开发； 2）机构图开发； 3）上位机软件和下位机固件开发； 4）长周期物料和设备采购
	6.测试验证	1）单板调试； 2）整机调试； 3）现场生产测试调试	1）单板调试，解决单板问题； 2）整机调试，优化设计； 3）现场调试，优化设备，提升生产效率
	7.生产交付	1）测试样机生产； 2）产品批量生产	1）制造样机，如相关实验、测试等； 2）小批量样机生产计划
	8.升级维护	售后服务	产品生命周期管理

3）一种计算机系统简要开发流程，如表8-3所示。

表8-3 计算机系统简要开发流程

阶段	子阶段	阶段任务	活动细项
产品设计	1.产品需求	1）收集需求； 2）需求确认及评审等	1）输出市场需求规格书； 2）输出投资分析报告等
	2.产品概念定义	1）分析客户需求，提出概念设计； 2）给出概念设计报告； 3）系统功能分析等	1）输出产品需求规格书； 2）制作顶层系统架构图； 3）定义并划分出子功能模块等
	3.可行性分析	1）分析技术及生产实现可行性； 2）早期建模仿真评估； 3）提出几组可行方案	1）提出几组方案，并比较； 2）输出系统设计规格书； 3）初步的预算、进度、风险分析； 4）各功能部门可行性分析报告等
	4.项目计划	1）进度、预算、人力资源计划等； 2）设计计划； 3）风险识别和应对； 4）评审立项	1）质保，如质量计划； 2）详细的预算、进度、风险分析； 3）详细的系统构成及设计计划； 4）主要外购测试设备清单； 5）客户互动答疑

续表

阶段	子 阶 段	阶段任务	活动细项
产品开发	5. 设计与开发	1）整体设计协调； 2）功能模块开发； 3）开发组织构成形式及具体流程确认； 4）变更及风险管控	1）原理图开发； 2）机构图开发； 3）上位机软件和下位机固件开发； 4）长周期物料和设备采购； 5）验证测试及生产测试计划等
	6. 测试验证	1）单元模块测试； 2）系统设计验证； 3）系统整合确认等； 4）测试问题处理等	1）执行测试及输出测试报告； 2）多次迭代开发测试计划与管理； 3）性能调优测试等
	7. 生产交付	1）小批量样机生产； 2）产品批量生产； 3）正式大批量生产； 4）交付产品	1）制造样机，如相关实验、测试等； 2）小批量样机生产计划
	8. 升级维护	1）产品升级； 2）上市早期维护	1）产品升级的变更管理； 2）发布升级变更说明书等； 3）产品上市早期维护管理等

8.3 开发需求变更管理

在产品设计与开发过程中，总有各种各样的因素影响最初的计划，变更不可避免。变更的来源是多方面的，变更的影响也是可大可小的。

开发需求变更管理，指的是在复杂系统设计过程中，特别是软件或固件开发模块，从产品设计与开发到产品上市后都可能存在增加设计功能或解决问题等的变更需求。开发需求变更管理非常重要，因为变更会影响开发的进度、费用、范围及风险等因素。

在软硬件相结合产品的开发过程中，可能由多种原因导致已经在开发过程中的产品发生变更，这时就要及时评估变更可能对整个系统开发带来的影响及风险。

产品开发阶段的变更，特别是设计计划上的变更，直接影响开发团队已经或正在执行的项目活动。所以，在这种情况下，开发团队成员一旦接到外部产品计划变更的请求，就要从各自专业领域的角度出发，按照标准的变更流程进行分析，判断变更是否会产生直接或间接的影响。同时，开发团队内部的个别专业部门也可能由于各种原因提出各种变更请求，这同样需要整个团队对变更进行评估及分析。

以下是几种可能导致变更的因素。

- 测试验证阶段发现设计问题。
- 项目执行阶段发现设计计划中的缺陷，需要修改。
- 计划外的各种变更需要进行设计修改。

在制订好计划后，特别是与团队定义好与接口设计相关的部分后，在整个项目执行期间发生的任何变更都需要记录，并且至少要经过团队内部的商定与讨论。不能简单地认为一个小小的变更不会影响系统的其他部分，这种主观的想法是很危险的。所以要严格执行产品设计与开发及变更流程，及时指出可能存在的风险点，并且做好记录。

简单来说，产品设计与开发过程中的任何变更都需要严格管理。有变更就要有记录，有记录就需要团队或专家审核，审核后才能执行。过程中监控，过程后总结，与需求方确认无问题后才能关闭变更需求。

开发需求变更管理是项目管理过程中最重要的管理活动，相关内容在《产品化项目管理之路》这本书中已有详细论述，所以这里仅简要说明。对于项目开发人员，变更要有有效的记录、系统的评估、完备的方案、严格的执行、仔细的监控，全员确认后再关闭，这样的变更往往是可控的，所带来的潜在风险也是相对小的。

本章小结

1. 产品开发阶段前期的充分准备是后面执行阶段更加顺畅的关键，但是也要根据实际情况灵活处理与协调。

2. 产品开发过程生命周期的模型选择并不是唯一的，而是在整个生命周期的不同阶段或不同场景下采用合适的模型。

3. 错误也比模糊不清好，前者是可预知的，而后者的风险是不可控的。

4. 变更没有大小之分，只要发生变更，都要记录、分析与评估，并及时处理。

第9章

功能模块开发

9.1 系统功能模块划分

9.1.1 模块划分方式

示例

当我们玩积木搭建游戏的时候，大脑里想象的搭建目标可能源于现实生活中的事物，如房子、马路、围墙、小桥……当我们想象这些东西的时候，一般先整体进行构思，再具体想象目标的形状或构成要素的特点，最后用各式各样的积木逐步实现整个设计。这是对复杂问题先进行简化、抽象的思考，再对要素进行构建，最终逐步实现整个解决方案的一种有效方式。当我们知道大概想要搭建一个什么样的建筑时，下一步就是采用什么样的积木单元来实现这个建筑，于是我们想到的是利用正方形、长方形、三角形、半圆形等各种形状的积木单元。而划分出这些形状各异、大小不一、功能不同的积木单元的过程，就是一种功能模块开发过程。

针对软硬件相结合产品的开发步骤，这里按照"总—分—总"三段式方法解释产品系统设计、模块划分及最终系统整合测试交付的过程。

首先，"总"是指在产品设计阶段的开始，开发人员从整体的系统角度出发看到产品需求，先有一个整体的概念。

其次，"分"是指在总体概念和需求认识的基础上，再针对每项细分的需求进行相应的工作分解，并最终分解到整个开发团队的不同专业职能部门。

最后，"总"是指在完成各功能模块的设计与开发后，再整合成一个物理或逻辑设计的整体，进行分析、测试、验证、确认和最终的批量生产交付。

图9-1展示了计算机功能模块的一种"总—分—总"划分方式与过程，包括系统设计、子系统开发及最后系统逐层整合测试与验证过程，最终实现产品批量生产目标。

系统划分设计过程涉及不同层级的设计框图，分别用来进一步细化并抽象出下一层级的子功能及功能单元之间相互连接的关系，如计算机的参考框图大致包括如下几种类型的子框图。

- 系统架构框图。
- 电源分配框图。
- 上电时序图。
- 主机板复位信号图。
- 低速信号带外通信总线分配拓扑图，如I2C（Inter-Integrated Circuit）总线。
- JTAG（Joint Test Action Group）接口测试连接图。
- 输入输出管脚分配图。

图9-2是一种简单智能设备模块划分的方式，同样可以采用"总—分—总"三段式的划分方法来分解并最终实现。

下面简要介绍一种仪器产品的开发流程及特点，其过程涵盖了"总—分—总"的划分思想。

1）根据需求制订总体方案，包括市场、计划、系统设计、管理及专业人员要求等。

（1）确认满足产品需求的设计是复杂仪器还是简单仪器，以及其应用领域、市场范围及市场利润情况。

（2）了解不同类型仪器的特点。小型仪器量大、门槛低、利润低、易被抄袭，更新快。大型仪器利润高、门槛高、量小、更新慢。

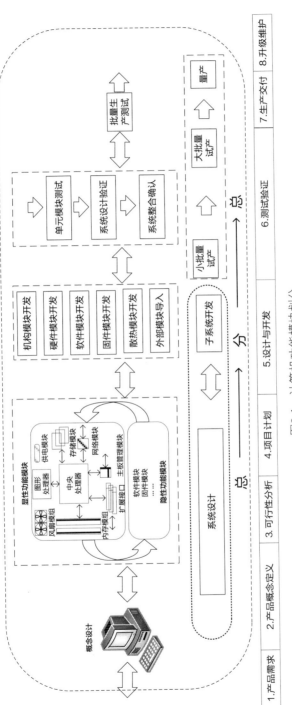

图9-1 计算机功能模块划分

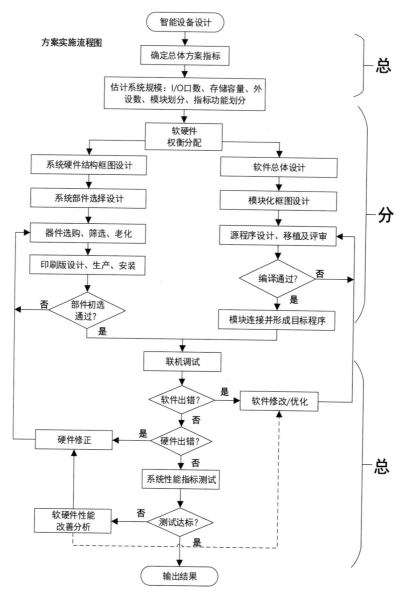

图9-2 简单智能设备模块划分

（3）确认专案运作的项目经理，对进度制定、技术可行性分析、计划方案、人力等进行管理。

（4）明确产品开发的成本主要体现在人力成本上，所以进度管理成为重点。

（5）分析需求，了解开发涉及的技术领域可能比较多，所以主导开发的工程师的个人能力应较为全面。

（6）对产品需求进行系统研究、系统综合，并进行总体分析与设计模块划分等。

2）对划分出来的模块进行开发设计，包括模块方案、采购、人力资源及沟通等方面的规划。

（1）依照详细的系统开发计划执行产品开发过程。

（2）仪器开发可以分为结构、固件、电路、软件等模块，同步开发。

（3）一般的外壳结构模块部分，小批量的需求可以采用购买标准外壳的方式来满足，大批量的需求可以采用自主研发或外包设计开模的方式来满足。

（4）针对不同团队的特点进行相应管理。例如，有些公司规模小，流程及管理方式粗糙，团队沟通氛围略显保守，容易造成沟通困难，这时就需要加强内部的沟通与协作。

（5）对于简单类型的仪器开发，硬件电路设计部分行业同质化设计较为普遍，其中模拟电路部分较难于短时间内精通，对个人经验要求较高。可以采用固件定制功能的方式进行差异化设计，以便突出产品亮点。

（6）USB等高速通信接口在高级设备上通用，显示部分采用可编程逻辑电路来实现，这样人机交互速度会更快，用户体验更好。

3）产品系统整合及测试。

（1）依照产品不同的复杂度制订系统整合及测试计划，确保产品功能符合用户需求，产品质量满足指标，产品可靠性及稳定性满足行业标准。

（2）小公司对设计成本敏感，一般的电磁兼容性测试或安全合规测试覆盖的范围有限，因此产品应用的场景也可能受限。

（3）产品整合调试不仅要在实验室完成，因为有些专属定制设备需要在现场才能完成调试与测试，所以系统整合的现场验证部分也非常重要。

（4）测试验证需要满足相关行业标准，同时兼顾设备的可维护、可校验等特性，同时使易用性得到保障。

依照以上过程，在类似的产品开发环境下更需要良好的团队配合，也更需要良好的流程及管理协调能力，保证解决那些组织或文化因素造成的沟通上的隔膜和功能开发部门之间的"孤岛"问题，从而交付客户满意的产品，提升公司及产品的竞争力。

9.1.2　系统配置设计

功能划分后，系统分解出来的各种功能模块可以通过不同形式的组合，再次构成功能特性不同的产品，以满足不同的用户需求。这些组合方式的设计就是系统配置设计。

产品可选择配置设计，指的是在同一个平台或同系列产品线，针对有不同性能或容量需求的客户，提供可以选择的定制化方案，如手机内存容量有大、中、小多种选择，从而使一次设计产生的结果能够满足更多客户的需求，让开发阶段的成本投入降到较低的范围内。

举例来说，同一个电动汽车底盘，如果配置不同的功能模块进行组合，就可以组合成不同等级的汽车，满足不同消费者的需求。例如，以下几种不同配置的方式，就可以满足客户对不同价位和产品功能特性的需求。

- 不同续航里程的电池配置。
- 是否带有高级音响、大的显示屏、自动辅助驾驶系统等？
- 是否支持全景天窗、不同的轮毂、更大的空间或座位等？

针对这些需求，分解出有形的（如电动汽车各种容量的电池实体）或无形的（如购买几年的质保服务等）模块，就可以生成不同的材料清单；把这些材料清单按照不同需求进行科学组合，形成不同的配置，就实现了系统配置设计，这是产品开发过程中不可或缺的一步。接下来就是要把这些材料清单录入IT系统，同时把这些组合的规则也输入IT系统，保证最终生产交付配置的正确性。表9-1是电动汽车系统配置示例。

表 9-1　电动汽车系统配置示例

系统配置类型	电池模块	天　窗	自动辅助驾驶
高配	四个电池模块组合	全景	所有功能
中配	三个电池模块组合	全景	部分功能
低配	两个电池模块组合	半景	基本功能
入门	两个电池模块组合	无	无

上述系统配置设计方式在软件产品的配置管理上也是适用的，如相同的软件也可以分为高、中、低三种配置，最低配置仅仅支持浏览，而高级配置则提供编辑打印等更多功能。

设定配置组合规则的目的在于管理和追踪从整个系统到单个模块层级的数据，包括从进货到生产及售后的整个环节的数据与信息，为质量控制、生产流程管理、仓储数据、订单追踪、售后管理及后期的各种服务提供可以追踪的方式，如采用条形码标签的方式对整机和单个功能模块进行整个产品生命周期的管理。系统配置设计是按照市场需求进行的，一般是由熟悉整个系统构成及可用组合的系统工程师负责的。

9.2 模块开发的通用技术

在软硬件相结合产品设计与开发过程中，除了个别特别的技术门类，一般软硬件相结合产品的设计与开发都有一些共有的、通用的技术和技术支持的专业。这里仅介绍一部分基本模块开发所需的通用技术，从而让读者相对全面地了解每个通用技术部门在日常工作中执行什么样的项目活动，在功能模块和系统设计过程中发挥着什么样的作用，又应该如何与之配合等。

9.2.1 仿真验证

随着计算机软硬件技术的发展，以及各种建模仿真软件等工具的开发应用，结合人们长期实践积累的经验数据，在建立有效模型的前提下，采用软件仿真技术，能够在产品设计与开发的早期有效地预防、识别和修正设计错误，从而加快设计进度，缩短研发周期，提高设计的准确性，同时有效降低前期需投入的成本。

复杂软硬件相结合产品的设计与开发过程可能涉及的需要进行仿真的领域包括电路信号、供电设计、散热设计、机构设计、电磁兼容设计、模拟电路功能、电机控制、数字逻辑设计等。

下面简要介绍软硬件相结合产品的设计与开发过程涉及的常见仿真验证类型及其主要内容。

1. 信号完整性相关仿真

根据所选的主要芯片的信号传输速度、电压、电流等参数，通过应用相应的芯片仿真模型，规范各种设计中布局布线的走线方式、长度、宽度、参考层及阻抗分布的参数等，对布线部门的前期设计起主要指导作用，并对后期设计完成的输出结果进行整体和针对性的后仿真。这些工作对设计的成功起到巨大的辅助作用。信号完整性相关仿真的内容主要包括信号完整性（Signal Integrity，SI）仿真分析和电源完整性（Power Integrity，PI）仿真分析等。

2. PCB电路设计相关仿真

1）前仿真（设计指导）（Pre-routing Simulation）。包括电路板叠层设计、电路板信号走线的阻抗控制、电路板供电走线的阻抗分析、电路板布局布线设计指导。

2）后仿真（设计分析）（Post-routing Simulation）。包括信号完整性分析、电源电压降仿真（IR Drop）、解耦电容放置设计、电磁兼容设计审查。

3. 电路逻辑功能设计相关仿真

在仿真软件中导入电路设计，并建立好相应的信号激励源，通过比对验证仿真输出的结果是否与预期的结果一致，达到仿真验证的目的。图9-3展示了一个光电耦合器控制开关的电路设计及其逻辑设计仿真结果。

4. 可编程逻辑设计相关仿真（如FPGA/CPLD）

1）前仿真（功能仿真）（Pre-simulation）。包括验证逻辑设计正确与否、验证算法设计正确与否、电路设计功能是否正确。

2）后仿真（时序仿真）（Post-simulation）。包括电路时序分析（逻辑门延时、布线延时）、资源使用分析。

5. 机构设计相关仿真

机构设计通过计算机仿真软件来实现前期的设计与仿真，也包括与机构设计相关的冲击和振动仿真等内容，如图9-4所示。

6. 程序算法设计相关仿真

为满足特定需求而进行的程序算法设计，可以先通过软件进行相关的仿真评估，包括数学建模、科学计算、数字仿真等。这样可以快速评估现有程序算法运行结果的正确性和执行的效率等。

7. 散热设计相关仿真

根据散热设计构建相应的散热模型，接着通过对模型进行仿真的方式，对散热设计方案进行评估。在评估的过程中应尽可能地通过仿真的方式验证各种极端情况，从而为产品散热的具体设计提供早期边界设计上的有效指导。

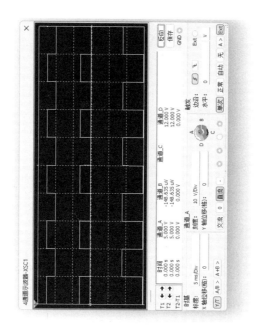

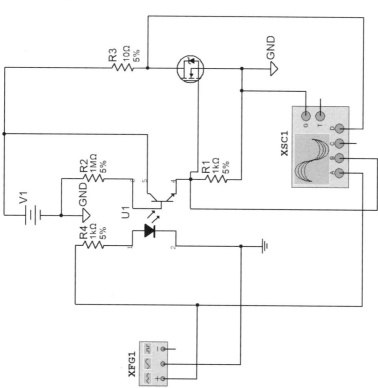

图9-3 电路设计及其逻辑设计仿真结果

机构图形设计　　　　　　计算机仿真与分析　　　　　　实物原型机

图9-4　机构设计相关仿真与分析过程

8. 射频电路设计相关仿真

以前射频电路设计依靠长期实际经验的积累，需要不断调试并反复进行实物设计迭代，费时、费力、费钱。如今，更多厂商根据先进的仿真软件，结合实际经验合理建模，可以很快地通过仿真迭代来完善设计，从而加快设计进度，缩短开发周期，降低实物设计变更的风险，有助于整个项目的成功交付。

9.2.2　布局布线

这里把印刷电路板的布局布线单独拿出来介绍，因为这个专业部门可以独立为一个可以共享的资源。无论什么样的印刷电路板，设计原则都是把实现各种功能的元器件相互连接，并且在实际的电路板开发过程中，负责布局布线的团队与原理图设计的团队可以不同，布局布线的工作也可以通过外包方式实现，从而让布局布线设计更加专业、高效。当然，前提是提供完备的布局布线指导文件，以及与原理图设计工程师在设计过程中紧密沟通。

下面简要说明布局布线设计过程的基本原则。

1）提高印刷电路板设计质量和设计效率。

2）增强印刷电路板可生产性、可测试性、可维护性。

3）设计可以采用"先主器件、后小元件，先布难点、后布易点"的原则，重要的单元电路、核心元器件应该优先布局。

4）设计好布局布线指导文件。

5）在布局布线过程中可能由于放置的空间有限而放弃一些增强的功能，从而满足设计必须实现的功能需求。

9.2.3　电磁兼容

1. 什么是电磁兼容

国际电工委员会（International Electrotechnical Commission，IEC）对电磁兼

容性（Electromagnetic Compatibility，EMC）的定义是：设备或系统在其电磁环境中能正常工作且不对该环境中任何设备造成不能承受的电磁扰动。电磁兼容测试主要包括以下两个内容。

- 电磁干扰（Electromagnetic Interference，EMI）测试。系统产生的电磁扰动的程度低于一定标准，不至于妨碍其他电气设备的正常工作。
- 电磁耐受性（Electromagnetic Susceptibility，EMS）测试。系统具有一定的固有抗电磁扰动的能力，在不超过标准要求的电磁扰动的环境下正常工作。

IEC针对不同类型的电子产品或设备制定了不同的标准，相应地，每个国家也都制定了自己的相关标准或遵循IEC标准。产品开发者应该在初期就识别出所需设计与开发的产品属于标准中的哪个类型，并依据标准制定好测试的方法、内容和具体的范围指标。

通过测试，如果发现了电磁兼容相关问题，就需要从三个方面着手分析与解决，即电磁干扰源、耦合路径和接收器。针对这三个方面进行控制也是有效降低电磁辐射的方法。

为满足电磁兼容的测试要求，需要在最开始评估相关需求时就了解并制定出电磁兼容设计的规范和要求。好的产品是设计出来的，最开始就要使产品设计与开发的各环节和功能模块做好满足电磁兼容设计要求的准备，执行好电磁兼容设计规范要求的相关设计，从而保证后期相关测试顺利通过。

2. 系统级电磁兼容问题可能产生的原因

- 封装措施不当使用（金属和塑料封装）。
- 设计不佳，完成质量不高，电缆与接头的接地不良。
- 错误的印刷电路板布局，包括如下可能。
  - 时钟和周期信号走线设定。
  - 印刷电路板的分层排列及信号布线层的设置。
  - 对于带有高频RF能量分布成本的选择。
  - 共模与差模滤波。
  - 接地环路。
  - 旁路和去耦不足等。

电磁兼容相关的任务一般由负责电磁兼容的工程师来完成。他们在产品设计前期指导并保证设计符合相关规范，在产品开发后期负责相关认证测试的具体安排与执行工作。

3. 软硬件相结合产品电磁兼容设计的内容

- 硬件电路设计。
- 结构设计。
- 软件设计。
- 固件设计。
- 接口和线缆设计。

9.2.4 测试开发

1. 测试开发的目的

设计工作不是设计出产品就结束了，还需要进行各种测试，确保设计本身满足相应的质量标准、产品需求等。测试开发的目的大致包括如下几点。

1）在产品设计与开发的早期阶段发现产品缺陷并及时解决。

2）在产品设计与开发阶段发现可能存在的技术或生产工艺问题。

3）保证产品的功能满足产品需求。

4）保证产品的设计质量满足产品设计与开发要求。

5）保证产品的生产质量满足产品质量要求。

6）保证产品的性能满足产品性能要求。

2. 测试开发的内容

1）根据产品规格书及相关设计文档编写测试计划，制定测试规范和测试用例。

2）对产品的单元测试、系统测试、整合测试所需覆盖率进行相应评估。

3）制定合理的判别标准。

3. 测试开发过程要点

1）所依据的设计文档是否齐备、完整？

2）所采用的设计方案是否完整，覆盖范围是否足够？

3）所采用的测试标准是否被业界接受，满足业界的基本要求？

4）评审的标准是否合理？

5）测试所需的环境与设备是否可行？

6）测试发现问题后的流程是否完备？

7）测试解决的时间是否满足要求？

4. 软硬件相结合产品涉及的测试内容

1）产品首次开机上电测试。

2）基本功能测试。

3）信号完整性测试。

4）性能测试。

5）生产测试。

6）认证安全合规相关的测试。

7）逻辑设计验证测试。

9.2.5 安全合规

产品安全合规设计与检测的目的如下。

- 满足法律法规要求。

- 满足客户要求。

- 保护产品使用者。

- 保护制造商、经销商的声誉及避免意外损失。

- 增加产品可靠度，避免经济纠纷。

- 保护产品信誉，扩大品牌宣传。

安全合规认证一般由第三方独立完成，并将认证通过的结果标识在产品标签或外壳上。认证的主要目的是确保使用者和环境安全，包括如下两个方面。

1）物理安全。这里的使用者泛指产品的使用者和服务人员。一般来说，电子电器类产品包括的安全因素主要有以下几类。

- 电击，如金属把手或外壳没有良好接地而漏电。

- 能量危险，如低电压大电流线路短路造成燃烧，导致金属熔化物射出。

- 火灾，如过载导致设备温度异常，造成火灾。

- 机械危险，如产品结构上存在锐边尖角，从而造成刮伤等。

- 化学危险，如产品使用有毒化学物质而未能有效隔离防护，造成接触危险。

- 辐射危险，如X光设备需要进行一定的隔离保护。
- 热量危险，如未加保护而导致人体直接触碰到高温零部件，造成危险。

原则上，保证产品物理安全的设计是以不影响产品性能和功能特性为前提的。每个国家都有自己的安全合规要求，并且有些还是强制认证，如中国强制认证（China Compulsory Certification，CCC）。如果产品没有经过第三方认证，并且在产品上正确标识，是不允许在中国市场上售卖的。

2）数据安全。除了物理安全，还有数据相关的安全。要保证所设计的产品在开放的网络环境中，其隐私和数据不遭受丢失、泄露或蓄意破坏等，还需要做好如下几个方面的防护工作。

- 现场的机器不能轻易打开或破坏。
- 嵌入式固件设计安全。
- 应用软件设计安全。

前一项涉及物理防盗或防窃取，后两项涉及软件设计的数据安全及加密等，这些也是可以请第三方认证部门完成的。在不同的地区，针对不同的行业，也会有相应的软件安全防护、通信加密等方面的设计要求，这通常也是有数据安全需求的产品中的一个重要条目。

9.2.6 降额设计

1. 什么是降额设计

降额设计，简单来说就是产品在可能面临的各种环境或实际使用过程中所承受的各种应力应小于所采用元件的额定数值，以此提高产品可靠性，降低产品失效概率。其依据之一是硬件可靠性分析中的机理模型方法。[38]简单来说，就是当外部应力大于器件固有的强度时，则失效。降额设计是一种比较传统的可靠性设计技术。

图9-5展示了应力-强度干涉模型，图中灰色的失效区域就是应力与强度之间交叠的部分，交叠的面积越大，则失效的可能性就越大。从图中还可以看到，采用降额设计可以有效减少应力与强度之间交叠的面积，失效的概率也就随之降低了，达到了增强设计可靠性的目的。

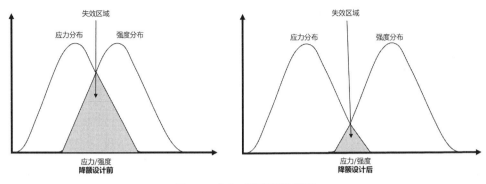

图9-5 应力–强度干涉模型

还可以从电子设备的失效分析（对电子元器件失效机理、原因的诊断过程）角度来看待降额设计的必要性。

电子设备的失效在产品生命周期之内可以分为三个阶段：早期失效、随机失效（也称正常使用期失效）和磨损失效。通过对这三个阶段的统计研究，可以描绘出如图9-6所示的曲线，因为看上去像一个浴盆，所以也称浴盆曲线。

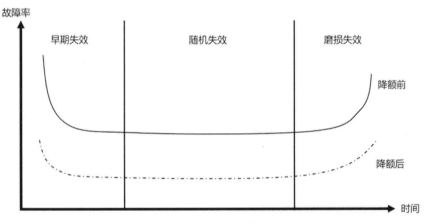

图9-6 浴盆曲线

从图9-6中可以看出三个阶段的不同特点。

1）早期失效。从图中可以看出，产品在开始阶段的故障率比较高，那些品质不合格或在质量标准边缘的元件会在这个阶段被淘汰。产品在早期阶段失效的原因是多方面的，如生产工艺不良、来料质量管控差、生产制造过程不稳定等。

2）随机失效。整个产品的使用期间都可能发生失效，既可能是随机的外部应力超出了额定的承受能力而导致失效，也可能是应力–强度干涉交叠部分的原因造成产品在正常使用过程中失效等。

3）磨损失效。在持续的应力条件下，或者随着时间的推移，产品中的元器件会发生物理或化学特性的改变，从而导致不能正常完成相应的功能而失效。

根据浴盆曲线三个阶段的不同特点，可以了解到，降额设计同样能够有效降低产品在整个生命周期之内失效的概率。降低额度的使用，可以使产品在生产出来后能够承受更多的应力，进而有效抵消各生产制造环节或使用过程中出现的应力-强度交叠面积，也同样使产品的物理、化学特性变化更缓慢，工作的时间更长。从图9-6中降额前与降额后故障率对比就可以看出降额设计给产品可靠性带来的好处。

2. 如何做降额设计

做降额设计的大致流程是，先估计元器件上的电压、电流和功率等额定电应力，然后查找元器件降额表来确定降额系数。但是此种方法往往只能估计元器件上的静态电应力，无法估计元器件的瞬态应力，可以说是一种"静态方法"，而有些元器件的失效可能是瞬态的电过应力（Electronic Over Stress，EOS）造成的，所以看问题也要辩证分析。同时，对原理图中各元器件的电应力进行评估是非常耗时的，所以有些产品设计与开发往往只对部分主要元器件进行降额设计，这样做的问题是有些没有做降额设计的元器件存在可靠性隐患。所以，在原理图设计选件的过程中就要考虑降额设计，并且在原理图完成后还要一一审查整份原理图的选件降额设计。关于这点，要在制订进度计划时把所需时间预留出来，以保证产品设计的可靠性。

9.2.7 技术管理

1. 什么是技术管理

产品设计与开发的成功同样需要项目管理团队的领导，包括项目经理、系统工程师、相关职能经理等。管理团队在产品设计与开发过程中所起的最大作用就是项目关键信息沟通、各种资源协调、开发资源支持，以及基于团队内外的评估输入做出各种重要决策。这个过程既包括技术管理，也包括资源和人力管理、供应商管理等。

这里的技术管理既包括技术开发过程的管理、技术问题解决的管理、技术实现资源协调的管理，也包括站在多学科交叉及系统的角度来管理技术开发过程中可能遇到的各种问题。技术管理很多时候管理的是有效信息的高效沟通，因为执行不同技术专业工作的人不是管理者，而是每位掌握特定领域专业技术的专家。

💡 **示例**

《圣经·旧约·创世记》中有一个关于"巴别塔"的故事，讲的是人类曾经联合起来，希望能够修建一座能够直接通往天堂的高塔；为了阻止人类的计划，上帝让人类说不同的语言，使人类之间不能沟通，修建高塔的计划也就因此失败了。由此可见有效信息的高效沟通在管理中的重要性。

在这里，我们又要回到最开始的如何应对各项挑战，也就是如何用系统方法发现问题、分析问题，最后解决问题。要强调的是，无论你在项目中从事何种工作、担当何种职位，都需要站在系统的高度看待问题、分析问题并解决问题，只有这样，才能把最优的设计方案融入系统。图9-7介绍了如何从不同维度系统思考技术管理。

工作规划维度	个人成长维度
1）任何方案变更。	1）事先计划好，有备无患。
2）指标定义的范围。	2）记忆是不可靠的，及时记录。
3）基本原理和测试手段。	3）如果经验行不通，就应抛弃经验。
4）高性能系统方案。	4）心态平和，做有效沟通。
5）项目范围的监测。	5）运气不好，也不要放弃自己。
6）配置管理。	6）吸取别人的经验教训与吸取书本上的经验教训是等同的，放下自尊，诚实面对事实，不要给自己找借口。
7）内外信息的掌握。	7）有感恩的心，学会宽容。
8）确认质量标准及管控。	8）回报社会、团队、组织。
9）需求与功能不满足。	9）保持对新知识的饥渴。
10）追求完美与满足需求之间的平衡。	10）释放创造的冲动。
11）常问自己所有问题是否皆已澄清。	11）深刻而全面地思考。
12）凡事总有意外，重要、紧急情况的处理。	
13）关注结果，聚焦义务。	
14）结论可传输、标准化。	

图9-7　从不同维度系统思考技术管理

2. 加快问题处理速度的技巧

在项目执行过程中，应当怎样加快复杂问题处理的速度，或者提升处理问题在内部及外部团队的优先级？这需要问题发起者能够针对所发现的问题或现象本身进行有效的信息收集与整理，并且使用一些有效的手段促进问题解决。下面以计算机产品为例，介绍如何提升重要问题处理的优先级，并加快问题处理速度。

1）问题发起者在系统上提交问题单后，可以发出一封求助邮件，不要只发送给某个可能与相关问题有关联的人，而要尽量发送与给整个研发相关的技术团队，这样就会增加找到正确问题接口人的机会。同时，如果你想找的专家正在忙，他也会帮忙找到能提供相应帮助的其他专家，这样从一开始就会加快解决问题的进程。

2）在邮件中可以简要说明具体遇到了什么问题。如下几点描述对于问题类型、严重等级等的初步判断很有帮助。

- 系统宕机，并且硬件毫无反应。
- 系统宕机，但是发生软件死锁的问题。
- 其他形式的问题，如系统发生致命错误、段地址错误、运行中报错。
- 避免使用模糊不清的词语对问题进行描述，如仅说系统宕机了，系统没有反应了等，没有任何更多参考信息。这些词语及描述对问题的解决毫无帮助。

3）说明什么条件容易复现问题，采用什么步骤可以在另一套系统上复现相同的问题。这样远程工程师可能很快就能搭建一套系统，进行问题的复现与分析。

4）出现问题的系统配置信息如何，注意如下几点。

- 系统的软件配置与设定是否与默认值有所不同？如BIOS默认配置等。
- 系统是一个处理器配置还是多个处理器配置？
- 是否有个别处理器内核或进程被BIOS或软件锁定了？
- 是否有特别的内存配置比较容易复现问题？
- BIOS版本更换是否可以解决问题？如早期或最新版本等。

5）说明问题是否可以在多个配置或系统上复现，这样比较容易分析问题。

6）查阅问题提交系统的历史记录，看是否可以查询到类似问题，以及相应的解决方法。

7）尽量收集更多的各种系统日志，帮助分析与处理问题。

8）提供你觉得有可能对解决这个问题有帮助的任何相关信息。

系统工程师或技术负责人在解决问题的过程中，也要注意团队执行力和执行设计的细节是否出现了问题，如以下两点需要从管理角度处理。

- 产品测试过程中出现的问题有可能是团队的执行力出了问题，执行力的好坏决定设计质量，同样间接影响产品质量。
- 很多时候，由于设计细节上的错误，付出的代价往往是巨大的。"细节是魔鬼"这句话用在产品研发领域是不为过的。

3. 充分运用专家经验与理论分析

在实际产品设计与开发过程中，产品设计与开发团队中各专家的过往成功经验可以作为主要参考，但是如果发现的问题并无经验可以参考，则可以尝试运用相关的理论分析来指导解决问题，这样可能更容易发现问题的根因，并快速解决问题。产品设计与开发工程师平时一定要多听、多闻、多问、多实践，这样设计产品时的各项考虑就更周全，出现错误的概率才能降低。平时注意夯实理论基础，能将积累的经验或知识抽象到理论层面，不断提高自己的思维扩散能力，这样才能在解决各种问题的时候做到举一反三、一通百通。

如果遇到一些可以通过复现或审查解决的问题，那么牢记二次确认的错误率比做两遍的错误率高。做两遍指的是让两个不同的人独自完成同一项任务，产生两个互不相关的结果，这不仅可以确保产生更好的答案，也能让你了解他们的行为和能力差别。

4. 处理灰度问题

现实世界中，黑白分界清晰的情况较少，更多的是各种各样的灰色地带。这些模糊不清的灰色地带既潜藏着威胁，也蕴含着机会，我们所能做的就是尽最大努力在灰色地带中抓住机会，躲避威胁。

《灰度决策》这本书提到："每个领导都面临着灰度决策，非黑即白的领域少之又少。你担当的责任越大，面临的灰度问题就越多。你的核心价值不在于处理常规事务，而在于找到应对不确定性挑战的思维与方法。"[39]

有人说："我们看待这个世界，不是按照世界的样子，而是按照我们的样子。"技术管理者的性格、信念和价值观对解决灰度问题非常重要，与灰度呈现的状态相对应。在具体的执行过程中，做出的决定要避免过度，即所谓纯粹的黑与白。例如，勇气过度等于鲁莽、谨慎过度等于懦弱等。灰度问题可能没有现成的答案，需要创造出至少让自己满意的答案，这就是灰度问题处理的方法。

5. 技术管理中"黏合剂"与"润滑剂"的运用

《高速度领导》这本书中提到，"黏合剂"和"润滑剂"听起来有些像管理方面的矛盾形容，但实际上，它们象征着领导者应发挥的一种根本作用。黏合剂将组织中的人们融合为一个小组，保持系统和小组的团结，提供达到目标所需的远见卓识。润滑剂使"雪橇"润滑，排除小组前进道路上的障碍，保证小组顺利前进并取得成功。[40]

黏合剂是具有黏性的物质，借助其黏性能将两种分离的材料连接在一起。在产品设计与开发过程中，每个模块或功能开发团队都集中精力专注于自己所在设计领域的局部工作，这时可能对系统的全局工作情况没有全面的认识，也可能并不清楚自己正在执行的工作会对系统整体或其他开发团队带来什么样的影响。所以，这时候就需要从技术管理角度营造积极的团队氛围，明确产品开发的共同目标，将原本各自孤立、只关注部门利益，并且彼此间可能存在各种资源冲突或竞争的功能开发团队黏合起来，使大家相互配合，朝着一个共同的项目目标前进。

在复杂项目开发过程中，组织内部难免出现这样或那样的摩擦与矛盾，这些问题都需要及时解决。解决问题的技能人才还应具有一定的技术权威性，能够深刻理解当前引发各种问题的技术层面与非技术层面的各种因素。这种人才通常是技术管理者这样的角色。如果用一个词语说明技术管理者需要具备的技能，那么这个词语就是"润滑剂"。技术管理者在项目开发小组或整个项目开发团队中起到的重要作用之一就是及时解决团队合作可能发生的问题，把有价值的信息及时传达到每个团队，保证系统中的每个成员都能够理解团队的目标，能够在计划内顺畅实现既定的目标，保质保量地交付所需完成的各项专业开发任务。

无论在项目团队中处于什么样的位置，所有团队成员的目标都应该是交付产品，并以此创造价值。但是，成员之间或部门之间都可能出现沟通不畅或配合不畅的情况，有些是资源上的矛盾。为了保证系统良好运转，技术管理者需要在关键的接口位置上，在合适的时间点，涂抹"黏合剂"或"润滑剂"，保证产品设计与开发过程能够顺利进行。

在复杂创新产品的开发过程中，技术管理者要从各角度灵活运用"黏合剂"与"润滑剂"，以达成产品设计与开发目标，特别是项目经理或系统工程师，更需要灵活运用这两个技巧。例如，当组织合作遇到问题的时候，可以考虑发挥"润滑剂"的另一个作用：把影响项目开发或只有负面作用的要素从团队中"润滑"出去！产品开发要为公司带来效益，为客户带来满足需求的产品，如果这些都不能满足，那么团队存在的目的又是什么呢？所以，无论在项目执行的哪个阶段，都要充分发挥主观能动性，让项目开发团队始终处于积极主动的状态。

9.3　功能模块开发流程

功能模块开发是实现产品最终从概念到落地的关键环节之一，是真正把图纸、逻辑流程、算法设计等思想转换成相应的可以进行产品生产的物理构件、模块、可执行逻辑代码、特定功能的程序等模块。这里仅以产品开发过程中经常遇到的五大功能模块的开发为例，向读者展现这些模块的典型开发过程、需要关注的事项、相互间配合的逻辑等，使读者站在系统角度看待产品开发过程，从而得到启发，进而在实际的开发、管理与问题解决过程中执行得更快速、配合得更高效、思考得更全面。

9.3.1　硬件模块开发

1. 硬件模块开发的项目活动

这里的硬件模块开发主要是指系统设计中针对电路板功能方案的开发，包括硬件电路开发，电路功能需求分析，原理图设计，印刷电路板设计，生产、测试、组装，电路基本功能调试及解决开发过程中的各种问题等。复杂产品的系统构成，可能包括不止一块电路板，根据实际的结构或尺寸限制等原因，可能需要多块不同功能的电路板相互连接与配合，才能够实现系统的整体功能。

硬件设计与软件设计的最大不同在于其物理构成的不可逆性，也就是硬件电路设计完成后，任何一个开发环节出现问题，导致功能不正常或期望性能不达标，都可能需要重新进行设计的修改、生产或组装，才能够再次进行测试验证，这个往复的过程必然需要更长的开发周期与更多的费用投入。而软件发生逻辑错误，则可能仅需修改代码，不需要任何硬件修改，所需的可能仅是人力与时间的投入。所以从设计验证角度来说，硬件模块的开发更注重一次就把事情做正确，尽早处理可能存在的各种潜在问题，保证后期整个开发阶段按照计划执行。

软硬件相结合产品的设计主要围绕产品软硬件功能的实现，所以硬件既是实现硬件功能的载体，也是实现各种固件及软件功能的载体。硬件设计流程涉及产品设计与开发的方方面面，执行的好坏影响整个项目的开发进度及投入的成本，甚至决定项目成败；又因为其在设计过程中存在不可轻易变更修改的特性，所以需要硬件工程师十分认真、仔细，尽量避免因低级的设计错误影响整个项目开发进度。

如图9-8所示，把硬件模块开发过程看成围绕装配印刷电路板（Printed Circuit Board Assembly，PCBA）的硬件开发过程，因为它需要与其他各不同模块进行不同程度的设计交互、协调，才能实现系统功能。硬件模块开发过程一般需要多个专业领域的产品设计与开发人员共同参与才能够完成，包括电子工程师、仿真设计工程师、布局布线工程师、采购工程师、电源设计工程师、机构工程师、散热工程师、安全规范认证工程师、生产制造工程师、固件开发工程师等。

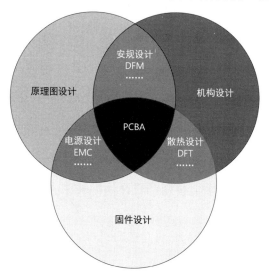

图9-8　围绕PCBA的硬件开发过程

硬件模块开发在产品设计与开发的不同阶段有不同的项目活动。

1）产品设计的早期阶段。需要进行产品功能实现的逻辑设计、仿真模型建立与验证，以确保在产品设计计划阶段就能进行一定程度的前期仿真与验证，如电子线路逻辑功能设计仿真、高速信号建模和仿真、电磁兼容设计建模和仿真、散热设计建模和仿真等。

2）设计验证执行阶段。硬件电路正常满足开机过程的条件是硬件与固件设计都能够满足系统的开机需求，然后才能进一步通过测试确认系统设计是否满足设计需要。首次硬件开机过程，除了考验产品本身的设计能力，还考验工厂生产与制造能力，特别是当新产品设计采用新的生产制造工艺时，要求工程师能够在发现问题后尽快分辨出问题是出现在工厂生产制造环节，还是出现在产品设计环节。测试及质量开发部门则要求产品开发阶段印刷电路板上的测试点覆盖率达到特定标准，以确保工厂生产测试能够覆盖大部分线路，保证产品生产制造良率等。

对于复杂系统中控制线路的设计，也要充分考虑电路设计所需的各种设计指导文件的输入（如控制电路设计参数指导等），以此限定硬件电路设计的各种边界条件（如特定信号走线的线宽、线距等），设计中尽量一次导入所有设计指导内容与边界条件，争取一次就把事情做正确，这样可以让设计的执行更加高效。在PCBA设计过程中，多个产品设计与开发专业部门参与了设计评审与确认过程，目的是他们能基于各自的专业领域对原理图和印刷电路板的设计进行评审，以此满足系统设计要求的各种条件，从而完成最终系统设计的整合。

2. 硬件模块开发流程

图9-9展示了一种硬件模块开发流程，对开发流程中的主要环节进行说明，把各专业部门之间的配合及产品开发的整合过程通过流程图的方式结合起来，使读者比较清楚地了解每个专业部门具体在什么阶段加入系统的开发过程，会做什么样的项目活动保证项目顺利开发，并且最终实现产品交付。

硬件模块开发的一般流程介绍如下。

1）在项目计划阶段确定项目的主体设计方案，包括硬件电路功能实现的主要设计方案及平台选择、硬件功能框架设计、主要功能芯片的选型与确认、外部接口的顶层定义等。正式进入产品开发阶段后，可以依照计划的方案、框图及各种功能实现的定义来具体细化设计原理图功能。

2）根据选择的平台设计方案确定设计使用的各种电子元器件型号，并且依据相关元器件的使用说明书，在设计管理系统中创建各种电子元器件的符号与封装等，为设计电路原理图及印刷电路板的布局布线设计做好前期准备工作。

3）开始设计原理图。原理图的设计一般分为两个部分，一部分是电子线路的硬件逻辑功能实现的设计，另一部分是针对各硬件功能模块供电的直流供电单元设计。复杂的设计可以分别由几组专业人士并行设计。硬件线路设计工程师提供整机耗电预算需求，然后电源工程师给出供电解决方案，特别是上电时序部分，如果芯片有特别要求，需要按照设计要求完成，最后原理图由硬件工程师整合。

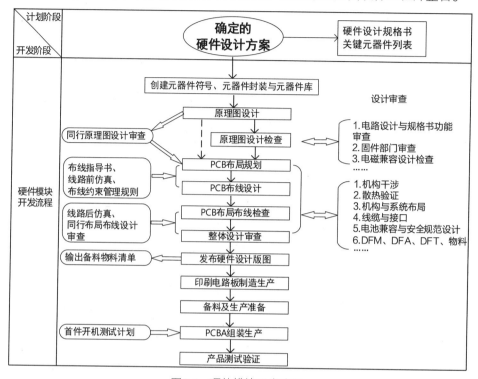

图9-9　硬件模块开发流程

4）原理图设计完成后，需要工程师自行检查电气及功能实现部分的设计，进行同行原理图设计审查，同时相关的其他专业领域，如电磁兼容设计、安全规范设计等由固件设计部门、第三方芯片厂商等进行原理图设计审查。完成初步的原理图设计后，可以通过相应的设计软件导出物料清单，以评估设计报价。

5）进入印刷电路板布局阶段后，机构开发部门需要根据系统机构设计尺寸及位置空间的布局需求，提供相应的印刷电路板尺寸及螺丝孔位等信息，同时与电子工程师、印刷电路板布线工程师、散热工程师等共同确定关键元器件的摆放位置。信号仿真部门需要在进入这个阶段之前完成印刷电路板布局布线前仿真，给出印刷电路板各层的设计规范及布局布线的设计约束文档，以指导布线工程师进行印刷电路板设计与开发。

6）进入印刷电路板布线阶段后，所有与设计、测试及生产制造相关的部门都需要对印刷电路板的相关设计进行审查，以确保产品满足各种功能需求，如系统内部空间位置、散热、布局、电磁干扰、安全规范、可靠度、可测试性、可制造性等需求。同时将具体物料清单与印刷电路板正反面物料分配的数量估值提供给工厂，以评估生产报价。

7）印刷电路板布局布线设计完成后，需要对印刷电路板设计进行后仿真，确保信号质量及电源信号走线能够满足产品规格书要求，同时再次进行整体设计审查。

8）发布硬件印刷电路板设计版图及正式版原理图物料清单，开始备料。

9）印刷版线路制造及生产备料追踪。

10）组装生产、开机测试。

实战分享

简单印刷电路板设计流程如下。

1．完成系统设计需求评估、确认设计方案、制定设计可行性评估后，开始设计原理图框图。

2．估算整机电源功耗。

3．由机构工程师给出电路板尺寸、螺丝孔位接插件位置，并导出绘图交换文件（Drawing Exchange Format, DXF）文档，以便在印刷电路板设计软件中定义机构外框的形状限定等参数。

4．电子工程师按顺序执行元器件选择、物料编号申请、原理图设计、原理图电气特性检测、硬件设计规格书撰写、印刷电路板料号及装配印刷电路板料号申请等工作，线路设计完成后导出物料清单，请采购备料。信号仿真部门需要根据信号运行速度提供布线指导说明、印刷电路板叠层指导等文档。

5．将设计好的印刷电路板叠层文档、结构尺寸文档、布局布线指导书等发送给印刷电路板布局布线工程师，并一起确定印刷电路板元器件的布局规则、特殊设计要求等。

6．印刷电路板布局布线完成后，发布印刷电路板设计相关文档供硬件工程师检查设计，机构工程师检查机构设计中的限高、限距及是否存在结构干涉等，测试开发部门检查测试点覆盖率等。

7．硬件工程师将布局布线设计的相关文档发送给工厂，以便生产测试部门进行生产制造可行性检查，并对印刷电路板拼版方式给出合理建议。

8．硬件工程师澄清印刷电路板生产厂商反馈的工程问题。

3. 硬件模块开发的相关活动

1）开发验证阶段的迭代。在硬件开发过程中，由于产品复杂度不同，可能需要多轮迭代才能满足产品设计与开发需求。例如，第一轮设计与开发主要为了测试模块的功能设计，第二轮设计与开发则在第一轮测试发现问题并进行修改的基础上，进一步满足产品批量生产的各项质量要求。同时，为了满足产品物料供应的灵活度，也可以在第二轮生产验证阶段对替代物料进行相应的验证。关于开发测试环节的轮次设定，开发团队需要根据具体产品复杂度及设计需求来定义，每家公司都需要根据自己产品的特点进行相应的流程设计。多轮迭代设计意味着研发费用的增加与开发进度的延长，但是产品的设计质量可能有一定的提升，所以要根据自身情况合理设计与安排。

可以看到，硬件模块开发过程涉及多个不同专业领域，可以借由这样的认识过程思考每个专业领域具体执行的时间点，以及不同产品开发阶段涉及的各专业领域的相关工作事项。

2）仿真设计。从硬件设计流程中可以看到，依照信号仿真结果制定线路及印刷电路板等设计约束，其目的也是确保电子线路在设计过程中能够满足各种芯片对各种电气特性的条件要求。信号仿真可以分为线路设计好后的前仿真过程及对设计好的线路板再次确认的后仿真过程。

仿真验证部门在项目开发验证过程中十分重要，可以说他们输出的结果是决定印刷电路板设计成败的关键因素之一。仿真的工作范围涉及印刷电路板叠层的设计、各种高速及低速信号线的走线设定，以及根据系统整机功耗做电源阻抗的仿真，确保在设计前期就确认并尽可能避免各种可能出现的设计方面的信号问题。

除了高速信号需要仿真，直流电源模块设计的仿真过程也是硬件设计过程中的重要环节，不但需要在后仿真过程中满足产品各种供电要求，电源部分还要满足电源仿真设计对压降设计的要求。

3）电源设计。包括直流电源设计和交流电源设计。

（1）直流电源设计部分主要为板级设计，根据平台及系统设计需要制定出一份直流负载文档，包括主要芯片耗电、子板卡耗电、待机耗电，同时需要兼顾设计中的各种电压转换效率问题、选用电源芯片及电源拓扑设计、上电时序设计等，也包括对电磁兼容、芯片散热、电源层布局等的设计约束条件。

（2）交流电源设计部分主要考虑交流转直流的功耗与设计，包括协调电源尺寸与机构设计的约束、电源可靠性设计、电源冗余设计、电源节能特性、电源自身的各种认证需求等。

4）散热设计。散热工程师除了要解决关键散热元器件的散热布局设计问题，还要确定诸如电路板进风口及出风口温度传感器的放置位置、相应的风扇噪声设计上的控制算法等内容。

5）固件设计。固件开发部门不但要确认硬件线路的设计是否能够满足固件功能设计需求、每个信号接口是否在硬件线路设计中有明确定义，还要确定各种调试的接口都已经设计，以满足产品固件调试的需要。

6）第三方设计评审。其目的在于确保产品设计与开发的质量满足相应芯片供应商的设计标准，这是在相应功能的原理图设计审查工作完成后才能够进行的项目活动。

7）机构设计。确认各种电路板的尺寸及孔位的设定、元器件限高区域的设定、电路板危险限制区域的保护设定（高温、高能量区域设置等）满足设计规划。

8）其他相关设计。如在设计阶段，原理图部分的设计要从系统的角度出发；各种接口信号的电平、接口插头的对应关系、是否需要热插拔、印刷电路板的线宽是否能够满足电源功耗的需求，以及选用替代物料的物料状况等。

9）设计芯片选型的方法。联系选型芯片的供应商，并将设计需求反馈给他们，他们会将适合的产品推荐给产品开发人员，并提供相应产品的参考设计文档。工程师会根据客户需求评估推荐芯片的可行性，如果可行，则根据需求并参照产品设计规格书的要求设计相应的电路。

10）替代物料的选用规则。在产品设计与开发过程中，一般主物料确定后，就应选择合适的备用物料，有些产品设计与开发领域要求备用物料占整份材料清单的比例在80%以上。通常，物料清单中的备用物料主要集中在电容、电阻、常用逻辑器件、插接件等，原则上要求备用物料的关键参数相同，并且可以直接替换。所以，在硬件设计过程中要尽量采用通用性强的元器件，因为这样的供应商多，不会出现由于一家产品断货而产品停产的风险。

没有指定的部件进行电路设计时，可替代物料的选择原则如下。

- 有互换性的。

- 特性相似的。
- 完全不同的。

该顺序越往下越不能期望得到预期的性能，在最坏的情况下，产品不能工作的可能性变大（当然，这种可能性很小）。

11）可用于多个场景的电路单元设计。在电路逻辑的设计过程中，尽量使一次设计的电路变成后面可以重复使用的单元模块，并且设计的单元模块能够兼容更多使用场景。下面举例说明这种设计思想。

图9-10为某单元电路设计的一部分。芯片U1的选通地址接口分别为管脚A1与A2，芯片U1管脚的最大输入电流为5mA，工作电压范围为3.3~5V。在这个示例中，需要设计一个兼顾可靠性且更通用的单元模块，既可以用于3.3V的供电环境，也可以用于5V的供电环境。图中电源供电为3.3V，那么根据欧姆定律可以得出，电路中R1、R2在1KΩ电阻及5V电压输入条件下，随着温度变化、电源供电波动等，芯片U1的A1、A2管脚输入的电流有可能超过5mA，从而造成电路功能异常或损坏。如果选择1.15kΩ电阻，则可以兼顾3.3V和5V电源输入，在波动的情况下也能正常工作；同时能使这个电路模块可以移植到其他应用电路中，而无须重新设计。表9-2给出了不同组合条件下的芯片输入电流比对结果。

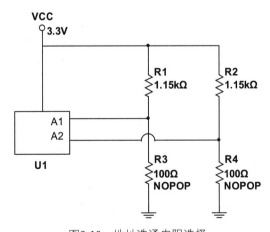

图9-10　地址选通电阻选择

表 9-2　芯片输入电流比对

输入电压	输入电流	结　　果
3.3V	3.3V/1150 Ohm ≈ 2.87mA	R1、R2 选择 1.15kΩ 电阻，满足设计
	3.3V/1000 Ohm = 3.3mA	R1、R2 选择 1kΩ 电阻，满足设计

续表

输入电压	输入电流	结　果
5V	5V/1150 Ohm ≈ 4.35mA	R1、R2 选择 1.15kΩ 电阻，满足设计
	5V/1000 Ohm = 5mA	R1、R2 选择 1kΩ 电阻，不满足设计

实战分享

　　设计中需要考虑模拟电路与数字电路在细节上的差异。以下是一个例子。

　　产品关键功能模块的设计参考方案厂商的设计方案，但是低温测试时识别不到硬盘。与方案厂商的设计进行对比排查，发现有一个不起眼的电容在物料清单中设置为生产上料，但是方案厂商提供的参考设计样机能够正常开机，且样机并没有上料。将这个物料移除后，测试正常。

　　查阅资料后发现，此电容起到设置参考基准电压的作用。在常温下，上料也可以满足产品开机等各项功能的需要，但是在低温下，受低温温度参数变化影响，上料后不能满足功能需求。由于没有意识到这部分电路属于模拟部分，仅从数字电路设计角度出发，考虑可能存在电压波动因素，就将这个电容装配上去了。

　　由此可见，设计过程中要对每个信号的功能和作用详细地研究、记录，并且审查、确认，真正理解每项不同的设置代表的含义，看所设计的产品是否满足芯片等功能实现的需要。

　　在数字电路设计中参考的电容、电阻仅做电平上拉、下拉，一般问题不大，但是在模拟电路设计中，这些参数及元器件的特性应该特别注意，当系统拉偏或裕量等边界测试失败的时候，应该首先关注这些地方。

实战分享

设计板端插接件接口时，一定要注意与线缆端配合，不能因为感觉管脚的距离相同就使用，一定要严谨，不能臆想，要文档化，并且严格与规格书进行比对记录，确保实际尺寸规格能够统一对接。笔者曾经见过设计人员大概感觉可以，最后导致系统整合时无法插接的低级错误发生。

4. 硬件模块开发过程中一般问题的处理

在产品设计与开发领域，没有办法保证所有计划都是完美的，也不存在按照计划进行就能够轻松实现产品交付的理想状况。在实际执行过程中，计划永远赶不上变化，但是方法也永远比困难多。在产品硬件设计实现环节，即便已经做了可行性分析，制订了详细的项目计划，也会存在计划之初考虑不周的情况，需要找到新的方法与解决方案。这就需要项目经理与团队共同努力，以解决设计实现上的难题。下面是一些经验总结。

1）先将具体需求和遇到的问题进行详细记录。

2）开发团队对设计细节进行认真分析，再思考导致问题产生的可能原因。

3）如果团队的知识储备无法满足当前设计实现的需求，就需要借助外部专家团队的力量。例如，与相关技术领域的供应商沟通其已经掌握的解决方案；与公司内其他开发过类似设计的专家组沟通，并组织团队学习相关解决方案或找到新的解决问题的路径，并且在专家团队的认真讨论与分析后付诸实践。

4）如果内部资源与外部资源都已经确认，但仍无法基于当前技术实现特定产品需求，团队就要发起设计变更，告知市场部门或客户，是什么原因导致某个产品的设计或功能需求不能够实现，其影响范围是什么。当然，也可以给出可代替或接近的方案来满足特定需求。

5）设计过程中的需求确认、产品设计与开发检测往往是反复的过程。实际上，供应商的产品方案大都有参考的设计模板，但是每个产品的设计都是唯一的，并且以产品大批量生产为目标。所谓切不可过分依赖参考设计，要对其设计目的进行认真思考，有两点需要注意：一是参考设计也可能存在错误，只是没有被验证；二是参考设计的目的就是证明其方法可以实现，保证这样的设计能够满足大多数产品设计与开发需要，但是同时限制了个别更优秀设计的发挥，如参考设计的印刷电路板层数可能是保守的，而个别供应商则可以根据自己的产品研发能力用更少的投入产出不亚于参考设计结果的方案。所以每个设计师都要有独立思考的能力，如果只是照抄照搬，而不去思考其原理，也必定在某个细节上吃大亏。

6）在设计过程中，芯片供应商的技术支持与设计经验是必须听取及尽量采纳的，没有人比他们更了解他们的产品。设计是严谨的、认真的；沟通交流是必需的；细节往往决定成败。

9.3.2 机构模块开发

这里的机构模块开发主要是指电子产品中外壳、框架支撑、机械运动模块、包装设计等非电子相关设计的物理实现部分。由于每家公司的产品类型不同，产品机构设计的范围定义不同，实际的机构设计也不同。这里举一个计算机类产品的简单例子，说明机构设计部门的相关工作范围。

（1）外壳、托架、导风罩、滑轨等机构部件（材质包括金属、塑料等）。

（2）线缆设计。一般指各种系统内部通信的高速与低速线缆。

（3）散热组件相关设计。

（4）包装设计。包括整机系统包装与单独模块包装。

（5）标签设计。整个系统可拆解或可更换的部件标签、各种指示说明标签的位置定义及相关内容设计。

（6）产品外观设计，如产品工业设计等。

机构模块开发过程也需要诸多不同专业部门的共同参与，需要考虑的因素也是多方面的。各团队紧密合作，才能保证机构设计产品不存在交叉设计领域的遗漏或错误。

《电子设备结构设计原理》这本书提及，目前电子设备的结构设计大致包括以下内容。[41]

- 整机组装结构设计和总体设计，包括结构单元、传动和执行装置、环境防护、总体布局。
- 热设计，包括自然冷却、强迫风冷、强迫液冷、蒸发冷却、温差电制冷、热管传热等。
- 机构的静力计算与动态参数设计。
- 电磁兼容结构设计。
- 传动和执行装置设计。
- 防腐设计。
- 连接设计。
- 人机工程学。
- 可靠度测试等。

1. 机构模块开发流程

图9-11简要展示了一种机构模块开发流程。从图中可以看到，机构模块开发流程也是需要大部分设计团队参与的过程，并且需要开发团队紧密合作，对具体设计细节反复确认。机构设计同样涉及系统设计的方方面面，决定着产品开发的最终结果。

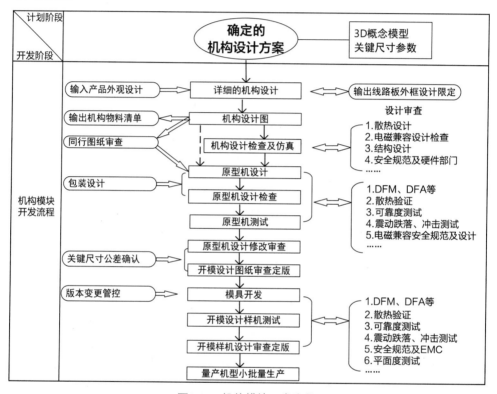

图9-11　机构模块开发流程

机构模块开发一般流程如下。

1）在产品概念设计阶段，确定产品3D概念模型，以及与产品外形相关的关键尺寸参数等信息。

2）在概念设计及关键尺寸参数确定等基础上进行详细的机构设计，同时根据每家公司不同的外观设计标准（如产品系列的工业设计ID标准）进行机型的外观设计，定义好整机系统中印刷电路板的大小、尺寸、螺丝孔位及布线限制区等机构设计的指导文档，并将印刷电路板设计的形状、尺寸、限高等限定参数的输入配置文档传递到布局布线部门。

3）机构框架设计完成后，需要输出机构物料清单，用来估计设计成本，以及作为系统配置物料清单的输入。

4）机构图纸设计完成后，需要对机构设计进行检查与仿真，并且需要诸如散热、硬件开发、电磁兼容设计等部门参与设计检查，机构部门也会在这个阶段进行同行设计交叉审查，确保设计的正确性。

5）设计图纸审查完成后，就进入原型机设计阶段，并根据原型机的设计参数进行产品外包装的设计与开发。

6）机构原型机样品制造完成后，就要进行原型机设计检查，大部分开发部门都要参与，进行原型机设计的评审，工厂制造的相关工程师也需要对产品的可制造性进行评审。相关机构测试验证部门还要进行各种测试验证，确保设计的产品满足产品测试标准。

7）对原型机设计进行充分评审，根据测试验证结果修改设计并再次评审后，就要对机构设计图纸进行团队决策，随后定版。评审通过后进入机构模具设计与开发阶段。

8）开发人员拿到模具样机后，仍然需要重复与原型机一样的测试验证与评审工作，确保开模的样机能够满足产品设计与开发需求，如果还有需要修改的地方，则需要正式启动变更流程，进行模具变更。

9）小批量生产，验证工厂生产制造能力是否满足产品的批量生产要求，并逐步提高产品产能与生产良率。

2. 机构模块开发的相关活动

机构模块开发流程涉及很多部门，整个过程需要大部分开发团队参与，评审通过才能够结束。模具样机开发之前，原型机开发过程要对所有设计的模块进行充分验证与审查，确保在真正开模之前，所有系统设计与机构设计所需确认的关键审核点都能被正式评审，并且确认修改后的变更能够及时更新到设计文档中。

机构模块开发还包括诸如产品外观设计，线缆设计，散热组件协助开发，包装、机构标签大小及摆放位置等工作，这些开发工作都是相对独立的项目开发活动，又都与整个机构的架构及系统之间的配合密不可分，这就要求设计与开发团队成员、系统工程师及项目经理始终基于产品整体，从系统的角度考虑问题，才能够在设计过程中考虑得更加周全，避免设计环节遗漏或缺失，从而造成各种返工修改的情况。

机构设计的审查过程也要逐一记录团队评审过程中提到的所有问题，并且保证各团队审核通过的变更都能够在下一次修改过程中导入。注意，对于机构设计过程中的系统审查过程，如线缆走线是否影响风道的散热，线缆接口的插拔是否有任何困难，是否存在任何干涉情况等，都要在板子及线缆都装配好的情况下进行，并且需要在系统组装及拆解的模拟过程中，从不同阶段对产品的整体设计进行多个专业及多个维度的评审。包括可插拔部件和插拔的执行过程等环节，也要进行仔细评审与确认。

对于安全规范及电磁兼容设计的测试确认，也要保证机壳的设计及板子的配合能够通过行业测试标准的检测与测试，相应需要修改的地方也要尽量在模具设计完成之前全部改正。

系统工程师和项目经理要全程紧跟以上这些流程与问题解决的步骤，确保所有问题点都被记录，并且在后期的设计过程中有效解决；在模具样机真正生产之前，都能够导入实际开发过程，并且在下次验证过程中确认已经解决。

机构工程师使用现代计算机辅助设计（Computer Aided Design, CAD）软件，可以大大提升设计效率，增强设计的过程管理。机构设计软件可以在设计过程中以不同层次展现出整个系统的构成定义，方便产品开发及后面评审环节的展示。采用现代先进开发工具将极大提高产品开发效率。

散热的设计与仿真也是系统设计中最关键的活动之一，结果同样影响系统设计的成败。机构工程师画好机构设计的初版3D图纸后，将3D图纸发送给散热工程师，散热工程师会用软件将3D图纸转换成散热仿真模型，并进行一定的参数优化，再通过专业的散热仿真软件给出仿真结果，根据实测结果再优化模型。其中，风扇控制策略会采用一些风扇控制算法来实现。

3. 机构模块开发过程中的相关问题处理

在产品开发阶段，机构设计实际上是从物理和空间结构的角度来呈现产品的，并受整体需求的约束。例如，有时根据产品需求可以定义出产品的高度与宽度，却无法在开发完成之前给出产品的长度，只能根据经验大致估计一个近似值。但是同时要考虑产品长度的极限值，因为在整个系统的设计过程中，长度可能有边界，不能够超过。这些都是需要在开发过程中考虑的。例如，服务器的长度并没有一个标准，但是机柜的深度或导轨的长度是有极限值的，那么在设计过程中，这个极限值需要提前识别出来，而不是任意发挥。

产品设计与开发不仅要考虑产品的技术能否实现，还要考虑产品设计与开发实现及大批量生产的成本，如什么材质在制造环节比较容易加工且省成本，但是从材质造价上来看却增加了成本；什么机构件制造困难，但是价格便宜，具备批量材料成本的优势等。这同样需要设计师能够精准控制各方向的设计，寻求合理的平衡点。有时即便当前无法实现成本的节约，也可以考虑在未来的更新升级环节进行相应的设计优化。

机构框架的设计涉及系统内的布局、走线、散热风道、装配方式、电磁兼容、安全规范要求、部件标签放置、部件拆分等，这些设计的细节都需要在机构设计节点中考虑并解决，并需要整个团队进行评审、调整、修改、再评审、再调整、再修改，以寻求满足各部门设计标准要求的完整产品。在这样的设计开发过程中，依然需要内外部团队协力合作，最后才能够实现最佳设计结果。贯穿其中的理念就是，技术上的关键点突破可以由团队中的任何一个人完成，但是最终得到系统整体优化平衡后的结果需要的仍然是团队的合作付出。

实战分享

问题：产品导轨的长度与配合机器端的长度不一致，导致两者无法装配而需要修改。

原因是，前期设计过程中没有针对多套系统的长度做出比对，以确定设计最佳值。最根本原因在于，之前没有一份针对导轨的规格书，明确定义所有装配导轨设备的支持范围。

由此可见，在条件允许的前提下，统一标准的好处是进而统一所有设计，长远看可以节约设计成本。

实战分享

问题：两个模块共同装配而出现干涉。

原因是：第一，提供给供应商的3D设计图与实物不匹配，属于内部文档管控流程问题；第二，应该建立一套数据系统，而不是将图放在个人计算机里；第三，设计人员经验不够丰富，检查步骤及文档不全，从而既没有确认3D设计图是否存在差异，其后也没有进行相应的实物验证。

由此可见，应尽量采用流程制度的方式来规避人为因素造成的信息不一致等问题。

实战分享

在中间有通风孔的各种印刷电路板背板上，布局走线时尽量不要距离通风口太近，原因在于，高温的环境风会随着时间推移慢慢侵蚀通风口附近的印刷电路板走线。处理方法如下。

1．走线远离通风口。

2．把走线放置在印刷电路板内层。

3．增加防护装置，隔离与风流的接触。

由此可见，实践是检验真理的标准，各种在实践过程中收集到的宝贵经验，最好能够显性化、文档化，从而在未来的设计中规避类似问题，且固化为组织知识资产。

9.3.3 散热模块开发

软硬件相结合的电子产品，顾名思义，其核心是由各种分立电子元器件、集成电路芯片及印刷电路板共同构成的，这些元器件需要工作在一定的环境温度范围内，才能够正常运转。这些元器件因实现功能或因工作特性而不断消耗电能，产生大量热量，因此要对产品系统进行散热，从而产生散热设计需求。随着芯片晶体管集成度越来越高、系统功率越来越大，散热设计的需求与挑战也越来越大。需要为整个系统及其构成单元提供良好的散热环境，防止系统因过热而失效，保证分立电子元器件、芯片级、模块级及系统级产品长期运行的热可靠性。

1. 系统散热的目的和挑战

1）散热模块开发的主要目的如下。

- 保证系统具备良好的冷却功能。
- 保证系统的可靠性。
- 具有良好的环境适应性。
- 设计上兼顾性价比。

2）散热设计面临的挑战如下。

- 处理器功耗越来越大，需要更好地散热。
- 系统所需电量越来越大，电源转换模块需要更好地散热。
- 网络传输速度越来越快，系统通信芯片的频率越来越高，功能越来越强大，从而需要更好地散热。
- 存储模块容量增加，一方面模块本身需要更好地散热；另一方面增加了系统阻抗，从而增加了系统散热的难度。
- 环境运行的条件越来越苛刻，散热需适应更极端的环境。

仅以计算机处理器为例，现代处理器每次升级，性能都有极大提升，同时功耗也不断提升，所需耗散的热量也越来越多，但热阻的要求却越来越低，这意味着散热解决方案会越来越复杂。

2. 解决散热问题的原理和手段

为了解决散热问题，就要从热传输的原理入手。实现热传输的三个方法分别为导热、对流和辐射。利用这些方法，可以采用的散热手段有很多种：风冷散热、液冷散热、半导体散热、液氮散热、软件降温法、散热片降温法。

实际的散热设计需要与系统中的电路设计、机构设计、线缆布局、产品可靠性设计、产品可维护性设计、效用评估、方案预算、噪声评估等同时进行，是需要通盘考虑的设计环节，当出现各种矛盾或冲突时需要系统协调与权衡，找出最优的解决方案。总体设计原则就是简单、经济、可靠并满足产品环境设计需求。

3. 散热解决方案的实现步骤

散热工程师需要在产品需求评估阶段就参与产品系统的设计与评估工作，在设计初期采用散热仿真软件进行仿真预测，评估产品设计及元器件等散热布局的可行性。

系统机构工程师画好3D概念图纸后，将3D文档发送给散热工程师，散热工程师将机构设计的3D文档导入计算机辅助工程（Computer Aided Engineering，CAE）散热仿真软件中，得出仿真参考结果，实测后再对模型进行优化，生成初版的原型设计文档，以进行实际样品开发。

电子散热仿真模拟主要利用计算机的数值计算来求解电子产品所处环境的流场、温度场等物理场，属于计算流体动力学（Computational Fluid Dynamics，CFD）的范畴。CFD的计算分析可以显示电子产品实际热分布特性；用户可以在较短的时间内预测电子产品内部的流场、温度场等；CFD计算的结果机型分析，可使用户在较短的时间内深入理解电子产品的散热问题及产生的相应原因，定向、定量地指导工程师进行结构、电路方面的优化设计，从而取得最优的设计结果。[42]

散热模块开发流程三大步骤如图9-12所示。

图9-12　散热模块开发流程

首先，针对机构设计及主板散热芯片的散热需要，进行散热仿真设计。通过仿真不断优化散热设计。主要考虑系统散热最坏的情况（如某个风扇失效或找到最热的元件），找到问题的边界。

其次，根据仿真结果和最坏情况的分析，搭建实体样品的物理模型。

- 找到那些发热大的部件。
- 找到那些耗电大的部件。
- 找到那些热阻大的部件。

最后，根据实际发热元器件的规格书，加上测试温度的热电偶，进行实际系统测试并记录温度数据，编辑测试报告。

完成前期的散热设计与模型的测试评估后，就可以根据测试数据的需要设计散热器原始样品，再根据实际测试结果进行优化，以及设计实际开模散热器。

4. 散热系统的组成

电子散热系统一般包括以下散热部件：风扇、散热片（普通金属、热导管、液冷等）、导风罩等。

散热系统并不是架上风扇直接全速吹就可以了，现代散热系统的设计更加智能，也更加复杂。散热系统设计过程涉及各种传感器与控制模块，通过感知系统当前运行的温度，从而控制风扇转速，使系统温度处在一个正常范围内，实现系统散热的动态控制，既节能，也能够很好地控制系统噪声。散热系统的几个组成部分如下。

- 多点温度传感器及芯片温度数据读取。
- 风扇转速侦测单元。
- 风扇转速控制单元。
- 风扇及系统温度状态报警单元。
- 系统散热智能控制单元。
- 风扇散热算法程序设计。

5. 散热设计与噪声

如果采取主动散热，系统设计中就可能存在风扇，风扇高速转动必然产生一定的噪声。如果产品不是在特定的机房使用，而是在办公环境等与人很接近的地方使用，那么在解决散热问题的同时，还要兼顾风扇等散热部件产生的噪声，这也同样是在设计开始，进行风扇选型、风道设计时就需要考虑的。要确保设计从各层面都能满足产品使用环境的需要。

6. 散热设计过程中需要考虑的因素

- 产品结构及尺寸。
- 主要散热元器件或散热目标的功耗。
- 工作环境需求。
- 噪声控制。
- 电路布局中关键元器件的摆放位置。
- 风扇失效情境分析。
- 散热系统的监测与控制。
- 设计的经济有效性。
- 遵循标准。

9.3.4 固件模块开发

软硬件相结合产品的设计与开发过程必然涉及各种固件模块的设计与开发，固件设计只有依托不同类型的硬件平台，才能实现具体的设计功能，所以固件设计的特点就是以特定的硬件作为载体，并通过特定编程语言进行逻辑设计，从而满足产品各种功能需求。与纯硬件设计相比，固件设计使产品具备功能可扩充、可升级、可修改且无须进行硬件设计变更的优势。

如今，随着集成电路集成度的不断提高，单颗芯片集成的功能越来越强大，而固件模块开发的权重及产品上市后维护升级的工作量也越来越大，程序设计的复杂度也越来越高，这也给固件设计带来了很大挑战。但是固件的可升级、可扩展、部署迭代快速及可移植的特性，也使采用固件模块开发来实现特定功能的方式越来越受到市场的欢迎。表9-3给出了硬件与固件功能实现设计对比。

表 9-3　硬件与固件功能实现设计对比

对比特性	硬件设计	固件设计
设计复杂度	趋于简单（芯片集成度提高）	趋于复杂（功能实现复杂）
变更成本及周期	硬件变更成本（较高）；周期长	人力及测试成本；周期相对短
功能扩展	有限扩展、受物理或架构限制	根据需要增减；逻辑扩展空间大
所需投入与人员培养周期	设备投入较多；人员培养周期长	人力及培训投入较多；人员培训周期相对较短
IP 保护能力	显性设计，容易被仿制	隐性设计，不容易被仿制
性能提升	性能提升明显	性能提升有限

当然，对比仅限于基于通用芯片进行设计的前提，如果公司有独有的底层硬件设计能力，那么对比可能是另一种情形。

固件设计有较强的硬件芯片架构及程序开发平台的相关性，每家微控制器芯片或可编程逻辑芯片厂商都有自己的硬件接口定义与配套的软件开发平台，所以在进行系统设计可行性评估时，要根据系统划分后需要由固件实现的功能要求，进行相应硬件设计方案的选择，并且需要考虑固件开发团队对相应固件开发环境的熟悉程度，将其作为选型的重要依据，最终基于这些条件进行风险评估，根据评估结果决定采用哪种方案比较稳妥。

产品概念设计阶段会定义产品框架中模块的主要功能及具体参数。进入可行性分析及计划阶段，就要确认功能是由硬件来实现还是由固件来实现。如果选择固件，就需要确认这样的功能实现要依赖什么样的硬件设计载体，固件要实现什么样的具体逻辑功能。所以，这个阶段要进行功能的划分定义，并根据设计需求撰写并输出主要的功能规格书，在执行阶段就要依照功能规格书的定义，进行代码逻辑的实现。

一般固件模块都是系统功能的重要组成部分，产品系统设计对特定固件需要实现的功能有明确定义。在固件的设计过程中，首先就要确定固件功能模块需求的明确定义，然后再对具体细节的实现做分解，直到最后一个不可分解的项目活动单元。

1. 固件模块开发流程

图9-13展示了一种固件模块开发流程，从中可以看到一种固件模块开发的整个过程。

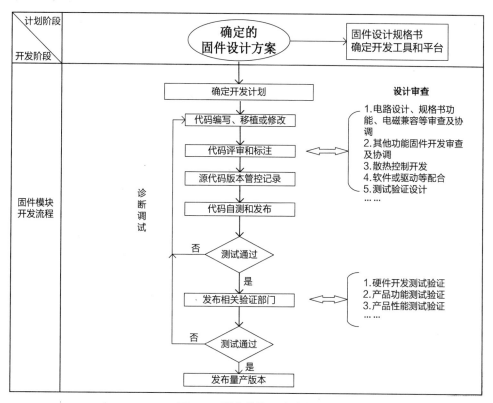

图9-13 固件模块开发流程

固件模块开发一般流程如下。

1）在产品计划阶段确定固件设计方案，并且输出固件设计规格书，确定固件开发工具和硬件平台。

2）计划阶段评审通过后，确认开发规格书、开发软件、人力资源等条件都齐备。

3）按照计划进行代码编写、移植或修改。

4）对代码设计进行评审和标注，确认设计符合规格书及硬件配置要求，执行同行代码审查、功能设计审查。

5）代码发布及代码版本管控。

6）代码自测。

7）自测通过后，发布相关部门进行测试验证，如硬件部门进行与功能相关的测试验证，产品功能及性能部门进行相关的测试。

8）测试通过后，发布到工厂，准备后续大批量生产。

2. 主流固件类型及简要介绍

主流软硬件相结合产品中可能包括的固件类型有BIOS、ARM、MCU、DSP、CPLD、FPGA及SOC等。下面简要介绍几种固件的特点及可能的应用场景。

1）X86平台固件基本输入输出系统（Basic Input Output System，BIOS）。BIOS固件程序烧录在计算机的一个存储芯片上，主要功能是开机时实现开机后硬件自检、对硬件设备进行初始化，以及最终引导计算机启动到操作系统。初始化部件包括输入输出接口的键盘、硬盘及显示器等设备。每个硬件系统的BIOS设计需求都有所不同，所以具体固件的功能设计基于具体硬件架构及系统的功能需要。

2）嵌入式控制器固件开发，如高级精简指令集机器（Advanced RISC Machine，ARM）、片上系统（System on Chip，SOC）。基于ARM等的嵌入式开发，如今已经广泛应用于服务器、智能手机、平板电脑、车载导航、多媒体数字处理设备等领域。例如，在服务器等高级计算机控制系统中，主板上除了有中央处理器等核心元器件，还有独立于中央处理器的基于ARM核心的基板管理控制器（Baseboard Management Controller，BMC），对计算机硬件系统的各种状态进行监控与管理，如主板电源状态、系统温度、系统风扇管理、远程系统监控管理、故障日志记录等。独立的控制单元模块就是基于BMC进行设计的，具体功能除了各种基本软硬件监控，还可以根据产品需求进行各种定义，如风扇控制等。工业界也制定了与BMC相关的各种管理及通信协议。

SOC也称片上系统，一般包括微处理器、各种软或硬IP核及储存器等模块，并且集成在一颗芯片上，通过编程实现特定的功能。SOC发展迅猛，也是当前复杂软硬件相结合产品开发应用的主要方向之一。

3）微控制单元（Microcontroller Unit，MCU）和数字信号处理（Digital Signal Processing，DSP）。MCU也称单片机（Single Chip Microcomputer），是把传统的处理器做适当缩减，然后把内存、计数器、串口等功能模块整合在一颗芯片上。MCU分类众多，广泛应用于手机、仪表、汽车电子、工业控制等领域。

DSP主要用来进行特别的数字信号处理，如数字信号的并行运算与处理，具体应用也是根据系统设计的功能需求进行选型划分的，如运动控制、数字控制、对各种信号进行算法的处理应用等，在基于计算机的控制系统中也有应用。

4）现场可编程门阵列（Field Programmable Gate Array，FPGA）和复杂可编程逻辑器件（Complex Programmable Logic Device，CPLD）。在硬件项目设计上，如果需要实现一些简单的接口胶合逻辑、电路上电时序控制与简单的通信接口等功能，可以采用CPLD这样可灵活编程且输入输出管脚多的芯片，因为IO接口多且可编程控制，在设计上就比较灵活。当设计需要更高的传输速度、更复杂的接口类型、更多的逻辑单元及存在设计变更等需求时，一般会采用FPGA器件，以增加系统设计的灵活性，缩短产品的上市时间。另外，如果需要某些高速总线的接口在未来能够支持更多类型的高速数字通信协议，那么采用FPGA器件是一个比较灵活的选择。采用专用的可编程逻辑设计，可以大大提高特定运算或算法的处理效率。当前可编程逻辑器件支持的信号速度与协议越来越广，并且支持基于IP的模块化设计，可以大大加快产品上市速度，其复杂度也足以满足各类大型接口或功能的需要，因此需要灵活配置且属于高速信号的设计大都选用可编程逻辑器件来实现。当然，也有功能特别的定制化逻辑需要CPLD来完成，实现产品可配置及可升级。与开发专用集成电路相比，CPLD在设计变更、开发周期及小批量产品的设计成本上极具优势，也是一种产品差异化设计的有效实现方式。

3. 系统设计中固件类型的选用原则

1）复杂算法采用DSP。

2）复杂事务处理采用ARM、X86设计。

3）高速接口数据流采用FPGA。

4）一般事务处理或接口扩展等功能采用MCU、CPLD。

4．两类固件开发过程

1）以微控制器为核心的开发过程，如BIOS、ARM、MCU、DSP。在完成产品定义及架构分析后，就需要在技术可行性分析阶段进行软硬件功能实现的划分；接下来开始撰写产品固件设计功能规格书，细化每项功能的具体设计及实现方法；然后开发功能实现代码，进行功能模块的代码整合；最后进行板上开机验证与系统集成测试。

还要注意，固件部门在设计规划过程中，要同时和电子工程师密切沟通相应的软硬件接口设计，特别是在原理图评审过程中，应确保设计的线路引脚与逻辑设计工程师期望的分配引脚是一致的，硬件设计的功能与程序逻辑的实现也是一致的。这也是在线路设计过程中需要固件部门进行线路设计评审的主要目的之一。

2）以可编程逻辑器件为核心的开发过程，如CPLD、FPGA。先进行功能的模块化划分，然后针对各模块进行程序上的开发设计。这里多了一个可以提前进行仿真验证的环节，就是可以基于开发平台对所设计的复杂逻辑进行一定程度的软件仿真。如果设计过程中没有充分进行前后两级仿真验证，就会造成一些潜在的问题无法被测试覆盖，从而给整个系统的可靠性带来隐患。所以，任何涉及CPLD或FPGA的设计，在软硬件及进度等条件允许的情况下，都要有对整个逻辑设计单元进行仿真验证的工作，这样才能提高固件逻辑设计的可靠性，进而提高整个系统的可靠性。

可编程逻辑器件的研发流程与嵌入式软件类似，但是可编程逻辑器件在功能设计过程中可以对所设计的代码功能进行仿真功能验证，并且在完成了设计综合及片上布局布线后，还可以进行电路设计时序上的仿真，最后在硬件平台上进行调试及测试验证，再次提高了产品设计与开发的可靠性。

3）开发过程的选择。两者的开发过程大致相似，但是也有些许不同。前者体现了串行执行的软件设计思维方式，后者则更多体现了并行执行的硬件设计思维方式。但是随着技术的不断发展，为了降低产品的开发难度，这两种开发过程有逐渐统一的趋势。

在实际的设计开发过程中，具体采用什么样的方案，第一要依据产品需求；第二要平衡各种预算、设计周期、开发人力及能力条件；第三要具体衡量团队的开发经验、项目进度及风险控制。

例如，需要设计一个产品功能实现的逻辑，但是这个逻辑功能设计变更的不确定性较高，就要考虑在接口类型不变的情况下，采用硬件配合固件的方式应该可以更好地应对后面客户需求变更情况，这样既保证了项目开发的进度，又增加了设计变更应对的灵活度，但是产品设计与开发成本就需要有一定程度的折中。具体方案的选择是团队决策的结果，是综合多个角度，在风险可控的前提下，以能够满足项目功能需求及交付时间为目标，在一定的产品开发成本与开发时间之间进行取舍的结果。现实中每种方案都有自己的优缺点，至于实际项目，还要看具体情况。

5. 固件模块开发过程中的问题处理

产品中固件设计的实现以特定硬件设计为基础，所以固件设计部门需要与硬件设计部门合作，共同实现产品特定的功能需求。硬件与固件一个是实现产品设计与开发的骨架，一个是实现功能设计的灵魂，任何一个需求的功能实现，二者都是缺一不可的，所以这两个设计部门需要紧密合作，以免沟通不畅，导致最后设计的功能不能相互匹配与满足设计需求。当然，在复杂的系统中，不仅有这两个部门的沟通，如风扇控制算法及控制逻辑设计的需求就需要散热工程师负责，并且与固件工程师等合作。在实际的设计过程中，固件设计涉及与很多部门的沟通，依然需要从系统角度看待各种问题。项目经理及系统工程师要特别注意这些可能需要交叉沟通的环节与细项，确保设计的过程没有遗漏事项。

由固件来实现特定功能的好处就是灵活，产品设计与开发完成后仍然可以不断优化，甚至通过固件变更产品的功能，提高产品对市场需求的适应性。坏处是，当功能设计需求把很多逻辑复杂的开发过程或硬件不稳定造成的各种错误通过软件来进行处理与解决时，如果固件设计过于复杂，就有可能出现许多逻辑设计缺陷，其中可能存在部分潜在错误，无法通过有限的产品测试手段发现，从而导致用户在使用过程中遇到这样或那样的问题。与硬件的测试覆盖相比，软件的功能复杂，而且有些测试也不可能完全覆盖所有代码。所以要平衡固件设计的复杂度及开发难度和周期。团队内的设计专家及技术管理者需要依据过往经验等，对功能复杂的固件设计中可能产生缺陷的量级有一定的估量与进度上的应对准备。

对于固件升级，最痛苦的事情莫过于用户正在使用的产品需要重新启动或停止业务以升级特定的固件，因为有些应用需要在关机状态下更新，或者重启系统后才能够生效，这无疑是用户难以接受的。固件设计的可靠性及测试的覆盖率在这种情况下尤为重要。

在采用固件方式开发产品的实践过程中，固件工程师先要多读、并读懂别人的代码，如果遇到好的设计风格及设计思路，就要虚心学习，最好应用到自己的设计中，使之成为自己设计的一部分。关键还是要通过不断练习与实践掌握各种优秀的设计方法与解决问题的思路，并且在实践中不断总结出更好的设计方法。

6. 固件设计在生命周期内的任务

固件设计生命周期比较长，在产品上市后还可能由于变更需求而升级，所以具有任务种类多且支持周期长的特点。固件设计在生命周期内的任务包括如下内容。

- 程序设计。
- 程序维护。
- 与硬件设计配合。
- 与软件或其他固件设计配合。
- 电磁兼容、信号完整性、散热、驱动、应用程序及整个系统测试合作。
- 软件解决硬件问题的方案支持（低成本、低风险、高效率）等。

实战分享

问题：侦测多路输入电压范围。

原因是，固件设计规格说明书没有对采样信号的范围进行明确定义，固件程序开发者采用了统一的默认值，导致批量生产测试过程中电压报错频繁。

由此可见，固件设计规格说明书需要对所有待处理的参数或信号进行明确的范围定义。

实战分享

问题：需求功能与最终实现功能出现差异。

原因是，在一个基于CPLD的逻辑功能设计过程中，因为仿真范围不够完整，设计代码时对一些输出的信号管脚默认状态进行了错误的设定，导致对应控制管脚的控制信号在受到干扰后，出现异常输出。

由此可见，能进行完整仿真或在开发平台上验证的设计，尽量进行充分的验证后，再导入实际的产品测试验证。

实战分享

在复杂产品开发过程中，固件修改导致问题的原因大致可分为如下几种。

1. 修改过急，导致调试断点遗留在固件中，造成错误。

2. 由于软件测试及功能开发的需要而修改固件中的一些功能。

3. 由于调试输出的字符不符合设计要求而修改固件。

4. 由于固件定义分配的信号与设计要求不符而修改固件。

5. 错误理解变更需求而导致问题发生。

6. 后期调试过程引入的测试代码导致各种固件问题发生。

由此可见，增加、变更或功能执行顺序改变而引出的设计与开发时没有考虑的地方，容易出现问题。

9.3.5 软件模块开发

软硬件相结合产品设计与开发，特别是基于计算机或嵌入式控制的软硬件相结合产品，经常有各种软件相关设计需求，所以在复杂的软硬件相结合系统设计中，不仅有固件的开发，还有特定软件设计的需求。

1. 软件相关设计需求的类型

1）市场需求规格书中定义的软件功能需求。

（1）硬件驱动程序类。也称设备驱动程序，是一种可以使计算机系统或特定的嵌入式处理器平台与特定的外接设备或功能单元模块进行相互通信的程序，如网卡驱动程序、主板驱动程序等。

（2）产品管理应用程序类。一般指可用于产品管理与监控的程序，如本地监控系统耗电、系统配置信息、温度状态、本地固件升级等。

（3）产品应用程序类。指针对某些特定领域或需求开发的应用程序，如对特定输入进行运算、图像处理软件等。

（4）移动端应用程序类。可以在移动端，如手机移动端监控整个系统运行状态，或者下达一定的控制指令。

2）产品生产测试与验证软件功能需求。

（1）产品工厂生产功能测试软件。可以在工厂生产过程中对产品的基本功能进行测试验证，保证产品生产过程中的生产质量。

（2）产品工厂生产压力测试软件。可以在工厂生产过程中对产品进行压力测试，保证产品出厂前产品系统的可靠性。

（3）产品工厂生产诊断软件。可以在生产或测试过程中诊断问题，从而更高效地定位故障模块位置、收集故障信息、记录故障数据、自行诊断等。

这两类软件需求通常由不同的团队进行开发。虽然每类软件的应用场景不同，但是软件本身的开发过程与验证方法大致可以遵循通用的开发流程。

2. 软件模块开发流程

图9-14简要展示了一种软件模块开发流程。实际软件模块开发流程需要根据不同产品的特点采用合适的开发模型。在产品进行需求分析及概念设计时，就要对软件类需求进行确认与定义，然后规划整个软件的顶层系统设计，以确定软件设计到底需要实现哪些功能，实现这些功能的整体框架应该怎么搭建，再对相应的功能实现部分进行子模块的结构划分，细化到每个接口、算法、结构等，并且输出详细的软件设计规格书。软件开发团队接下来就可以依据具体规格书进行代码编写及相应功能测试，最后在系统集成后进入整合验证阶段，以便确认软件系统设计是否能够满足产品的设计要求。

软件模块开发一般流程如下。

1）在计划阶段确定软件设计方案，输出软件设计规格书，并确定开发工具和语言。

2）确定项目开发计划，着手开发活动。

3）根据功能需求进行代码编写、移植，或者由于调试及维护而进行设计修改。

4）代码设计评审和标注，包括规格书功能审查、与固件等通信协议配合审查、测试验证计划审查、同行代码审查等。

5）设计源代码版本管控记录，执行代码变更管理过程。

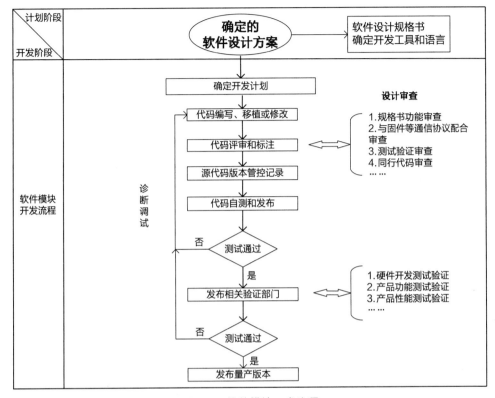

图9-14 软件模块开发流程

6）编译后代码自测和发布，代码先由开发人员自行测试通过，再发布给相关验证部门。

7）针对不同阶段及不同版本的软件，依照测试计划进行相关测试活动，确保软件功能及质量满足产品需求。

在软件模块开发过程中，项目经理及系统工程师需要关注软件开发团队是否真正理解软件设计需求，是否具备相应的开发经验。如果软件开发团队对于某些需求没有相关设计经验，或者需求理解存在偏差，就可能给设计过程带来较大交付风险，这时就要确保开发团队在前期能够充分理解需求，对设计方案做好充分计划。如果没有太多历史经验或数据参考，也可以考虑采用技术咨询或外包的方式降低风险，这样团队就可以将精力集中于确认需求及团队擅长的方向。

3. 软件模块开发过程中的问题处理

在软件模块开发过程中，软件开发团队要充分了解系统的各种功能特点，从而进行相对应的功能设计，以及收集期望的结果。软件开发团队需要与硬件及固件开发部门仔细探讨系统设计，以确保所有的软件功能实现能够满足系统设计需要。

如果软件需求的支持范围涵盖整个产品系列，则意味着在产品开发过程中需要为软件提供足够的标识信息来区分不同的产品，使其能够识别正确的产品，从而使软件与目标产品有效互联，且能够正确实现期望功能。

复杂产品系统有非线性特征，复杂产品系统中任何零部件、次系统的任何变动都可能使整个产品系统的功能发生根本性变化。[21]复杂产品系统越来越多地应用IT技术，用软件代替硬件产品，使其逐渐成为复杂产品系统的核心技术部分。基于人的软件开发过程，其协调和控制的困难程度大大增加，软件开发过程中积累的知识很难编码化，知识学习和传递的效率和效果被削弱，所以这些地方也是产品设计与开发管理的重点。

软件自身功能设计的健壮性及缺陷问题则是另一个专业技术领域要讨论的话题，这里不展开讨论，读者可以参考相关书籍。

9.4 | 模块间同步开发管理

模块间同步开发管理主要包括以下两个部分。

1）不同模块间跨团队开发的沟通协调。在产品开发阶段，不同类型功能模块的开发工作实际上是可以并行执行的，所以，如何协调好资源的分配与有效信息的流通，成为这个阶段除解决具体设计难题外的另一个主要工作事项。需要从系统的角度出发，看待并解决可能遇到的各种问题。

2）不同模块间管理实现上的系统协调。从系统整体角度来看，每个功能模块既是独立的，又是相互关联的。如同人体，我们可以把人体分为八个大的子系统，子系统通过神经和内分泌系统的控制，相互联系、相互制约、统一协调，执行整个系统需要的功能。需要定义统一标准接口，以解决模块之间连接、管理及控制问题，还需要定义好模块之间相互联系、相互制约及配合协调的方式，进而实现系统设计整体性能最优。

9.4.1 从全局角度协调

复杂软硬件相结合产品的开发，如果采用团队并行同步开发的方式，就涉及多个模块开发团队之间的配合与开发上的协调问题，这时就需要从全局角度处理不同团队配合过程中可能遇到的资源或功能特性协调与平衡问题。

1）开发团队之间资源冲突问题的协调解决。不同功能模块的开发团队之间可能出现项目执行过程中所需的各种设备和测试资源的冲突，这时就需要系统工程师等团队成员根据项目开发的具体情况制定出技术开发资源协调的优先级，然后与项目经理协调资源冲突问题的解决方法。例如，产品样机测试阶段有限数量样机的协调。

2）功能模块之间功能实现冲突问题的协调解决。

（1）在开发过程中，必然存在不同功能模块之间的设计冲突，需要从系统整体设计角度进行协调。例如，产品需要支持更高性能的大功率处理器，但是散热方案同样受制于物理空间，如果支持高性能处理器，就会占用系统扩展配置的空间，所以这时就需要协调系统保持高性能处理器和系统可扩展性之间的平衡，是牺牲扩展配置来支持高性能处理器，还是牺牲高性能处理器来增强系统的可扩展性。

（2）在芯片或可编程逻辑设计中，同样要平衡各IP模块设计的具体功耗、性能和面积（Power、Performance、Area，PPA）。

3）开发过程中内外部团队接口的管理。

（1）开发团队间接口。在开发过程中，开发团队之间需要紧密沟通与配合，才能保证重要的信息能够及时、准确、全面地对接清楚。在开发过程中，有些中间过程的信息是有时效性的，一旦错过，就会默认为被执行，从而被后续过程忽略，给整个开发过程埋下隐患。

（2）内外部团队合作接口。如果项目是内外部团队共同执行的，那么同样要解决内外部团队信息有效沟通的问题。从如图9-15所示的跨团队开发沟通模型中可以看出，当团队成员众多、涉及的技术开发领域也很多的时候，建立一套良好的沟通机制，保证所有信息都能够及时而全面地对接是非常重要的。

前面介绍了各模块的开发过程，可以看到这些模块的开发过程都不是独立存在的，而是相互之间紧密配合的，这样才能实现模块设计的目标。所以，每个工程开发人员都应该了解系统整体的构成，并站在系统的角度看到所在模块开发团队的任务。

图9-15　跨团队开发沟通模型

以下示例说明了了解系统需求及站在系统角度思考的必要性。

- 硬件模块开发过程要考虑各单元的电量消耗、散热、质量与可靠性、设计成本等，而不仅仅是模块个体的功能实现。

- 固件模块开发过程要考虑如何在降低设计复杂度的同时，通过程序空间换取硬件空间（功能部件的数量），以减少成本或弥补硬件缺陷，从而加快产品上市。

- 机构工程师要考虑如何让散热更方便、让产品的运维拆装更简单、用更经济的材料或生产工艺降低成本等。

实战分享

问题：部门间变更确认文档。

原因是，在硬件印刷电路板的开发阶段，印刷电路板开发部门与机构部门合作设计，机构工程师为了增加某个固定模块而变更了设计文档，同时发布了更新后的文档，并传递到印刷电路板开发部门执行变更设计，但是两个部门都没有注意到这个变更并没有真正设计到印刷电路板中。虽然有交叉的设计评审检查，但是直到系统装配时才发现问题。

由此可见，在系统设计中需要特别重视不同部门之间的沟通，沟通不畅会导致设计失败，从而造成各种损失。机构和布局布线部门除了设计文档交互，还应该设计变更确认文档，从而起到监督作用。

实战分享

问题：硬件开发阶段的硬件变更需求。

如果硬件设计方案已经审批确认，或者处于开发阶段后期，而当前硬件设计没有办法满足新提出的需求，就需要从系统的固件、软件或其他模块的角度出发尝试满足新的需求。

由此可见，产品开发过程中有可能产生新的变更需求，但是由于硬件设计定型而无法满足需求，这时就可以考虑通过软件、固件或其他功能模块满足特定需求。虽然性能可能有所损失，但是能够提供相关功能胜过没有任何功能。

实战分享

问题：两块性能不同、品牌相同的磁盘阵列卡采用相同容量的超级电容作为备份供电单元，于是默认它们应该使用同一款超级电容备份电源模块，最后在测试阶段才发现两个板卡端的电源接口不一致，这个差异在项目评估过程中并没有被识别。

由此可见，线缆设计检查清单的细化程度还不够，而且不能以主观判断作为标准，所有细节都要确认到位。

9.4.2 接口定义与系统管理

构成系统的各模块并不是彼此孤立的单元，而是辩证统一的整体，它们存在于同一个系统中，既保持功能上的相互独立，又在其他层面相互制约。例如，在各种模块通过系统接口组合成不同机型配置时，各模块的接口部分一定要满足系统设计要求，以避免在开发验证后期才发现各种接口适配问题，导致设计修改或进度延迟。

系统管理是指针对整个系统制定统一的通信协议与协调控制规则。系统在以功能模块或物理模块划分后，为使模块更好地独立，实现系统复杂度解耦，需要制定出统一的接口，保障各模块设计的独立性和整个开发过程的简便性。各模块之间的接口定义与系统管理，如同人体内的神经和内分泌系统，用于控制各功能模块的协调工作。

1. 模块接口定义与系统管理的内容

1）模块接口是指在模块划分时，按照模块划分标准定义好各种接口类型，可以实现不同代的产品之间硬件模块或电气信号接口的复用，从更长远的规划角度实现一次性开发投入带来长期收益，同时具备更好的系统兼容性。这些都需要在计划阶段就定义好，在具体开发阶段执行时，根据实际情况，结合更长远的规划具体实施。

2）系统管理是指系统中的模块应该如何进行组合和控制协调，才能达到系统设计性能最优。这是产品系统设计的核心问题，在产品划分模块时就要考虑模块化带来的好处，但是也要考虑模块化设计后应该如何进行设计整体的调优，从系统架构角度发挥出整体优势，在大家都采用相同模块的情况下，靠系统设计获得系统整体上的最优，从而在竞争中获得优势。简单来说，就是通过科学合理的控制，使系统中模块之间的配合程度达到最优，从而最大化系统整体效能。

（1）复杂系统的细分模块越多，系统管理就越重要。

（2）好的系统管理实际上就是管理好系统中各模块的执行效率，使整体效率最高。

（3）模块统一管理最关键的是定义好接口和控制要素，再在这个基础上通过不断调整参数组合，使之适应某种应用场景，并最大限度地发挥系统性能。同时，其可升级、配置可变更的特性使之能够通过参数变更用于更多应用场景。

2. 系统调优

在产品开发过程中或产品上市后，我们强调要对系统进行持续调优，那么针对软硬件相结合产品，应该调节什么，又该如何调节，才能达到优化的目的？这同样是在系统设计之初就需要考虑的问题。例如，计算机性能调优要从硬件、固件、系统散热、操作系统及软件应用等几个方面入手，目的是针对特定的应用场景，使系统达到整体性能的最优。默认的系统配置是兼容大多数应用的，但是当需要针对某个应用方向进行优化时，就需要对软硬件的参数或代码执行设计进行调节，使之更适应需要进行性能提升的方向，从而达到性能调优的目的。

下面以计算机为例，仅从固件及硬件设计配合的角度说明系统调优。

1）系统调优的前提条件。

- 模块接口信号设计进行标准化定义。
- 模块配置与控制管理方式进行标准化定义。
- 模块本身功能或性能支持通过特定参数调整。

2）系统调优究竟调什么？

- 影响性能的参数或指标，如动态电压、动态电流、时钟频率等。
- 可变的数据流或控制流的执行方式，如待机模式设置等。
- 通过增减不同模块数量或使用时间来换取更大的性能或功能提升，如动态电源控制等。

3）如何调节才能达到优化的目的？

- 朝着设定的性能目标，打通系统实现目标的关键路径。
- 找到一个新的平衡点，通过牺牲其他性能，换取目标性能的提升。
- 找到更好的未曾发现的新方法或参数调节路径，实现性能提升。

下面举几个例子，使读者对系统优化或系统调优有更清晰的认识。

第一，系统调优意味着从整体看、从全局看，要达到什么样的最优效果。例如，一种好的计算机系统设计是电源稳定、效率高、散热设计良好，可以提升整个系统的性能，能够使系统有更长的时间处于超频状态，达到整体功能的最优。但是整体功能的最优并不是单个功能或指标都达到最优，这样的目的也是不现实的。

第二，系统调优可能是一个方面的调优，也可能是多个方面的调优。在寻求多项最优时可能出现矛盾，如既要求尽快上市，又要求所有功能和测试验证都要满足条件，但是所给的资源和人力有限。

第三，单片机低功耗设计一般考虑如下几点。

- 尽可能简化系统设计方案。
- 尽可能选用低功耗元器件，如集成芯片CMOS比TTL功耗小。
- 尽可能选用集成度高的大规格电路芯片。
- 在满足系统工作速度的前提下，尽可能降低系统的时钟频率。
- 充分利用大规模集成电路芯片的低功耗工作方式来降低功耗。
- 采用能够卸载计算密集任务的专用芯片或卸载单片机上的计算密集任务到专用硬件上。

第四，利用软件技巧。以单片机固件开发为例，减少单片机工作时间，使单片机更多地处于低功耗状态。可以通过少用或不用软件循环来实现延时；采用中断而非循环扫码方式查询键盘信号；数码显示采用静态方式而非动态方式等。

如果有一个可以参照的标准，则更有利于系统最优目标的实现。这时要充分发挥整个团队的智慧，对于项目设计的最优目标，在整个团队内达成一致。最优需求的设计可能对方案的选择产生决策方面的影响，所以在定义系统最优目标时要特别注意关键点，从而在系统决策时赋予更高的权重，使最终目的可以顺利达成。

实战分享

问题：新产品、新技术系统兼容性。

（1）在采用新技术进行新产品设计时，可能出现各种新技术的兼容性问题。虽然都是用同一份标准通信协议或文档开发出来的产品，但是在实际执行过程中，依然由于设计理解不同及应用场景不同而存在这样那样的问题，从而花费大量时间排查与澄清。

（2）新产品可能存在复杂的、隐藏特别深的生产工艺或深层次逻辑错误，产品开发及测试阶段可能无法全面覆盖，而在特定条件下暴露出来。产品都需要不断优化与修正。

由此可见，在采用新技术特别是业界领先技术进行产品开发时，要在计划阶段做好充分评估与准备，应对兼容性测试阶段的各种内部及外部的测试问题。

本章小结

1. 功能模块开发可以按照"总—分—总"三段式的方法进行。
2. 模块开发过程中的通用技术部门是项目成功必需的支撑部门。
3. 系统配置设计决定系统构成和系统测试验证能够覆盖的范围，需要认真对待。
4. 任何模块的开发都不能脱离整体，要始终从整体角度考虑设计问题。
5. 系统思考在模块开发过程中发挥着重要作用，是打破专业藩篱的关键。
6. 良好的接口定义与系统管理是实现系统整体最优的前提和关键要素。

第10章
产品测试

10.1 产品测试的目的和流程

10.1.1 产品测试的目的

产品为什么要进行测试？产品测试的目的和意义是什么？简单来说，有如下几点。

1）发现被测对象与产品需求或预期结果之间的差异。

2）发现并修正产品中的错误和缺陷，增加人们对产品质量的信心。

3）了解被测对象的质量状况，为进一步决策提供数据依据。

4）积累经验，增加测试结果可信度，降低产品失败风险。

5）通过创新的测试方法发现之前未发现的新错误或缺陷，进一步提高产品质量。

10.1.2 产品测试的流程

产品测试在项目开发过程中并不是一个孤立环节，不同的产品在不同阶段或采用不同开发模型时，可能与其他项目活动有交叠。为说明产品系统与模块设计、开发及各测试环节之间的对应关系及具体实施过程，并便于读者理解，这里采用如图10-1所示的具有代表性的V形模型进行展示，但这并不意味着整个过程的呈现只有这一种模型。

从图中可以看出，产品开发与测试实际上紧密相连，具有前后顺序。每个设计阶段的任务完成后，都需要制订出相应的测试计划；每个开发阶段结束后，都

218 | 产品设计与开发：解决复杂问题的实用指南

有与之相对应的测试环节，并且根据测试计划执行，测试完成后输出相应测试结果。针对复杂产品的开发实践，可按照如下方式划分测试验证的不同阶段。

1）单元模块测试。

2）系统设计验证。

3）系统整合确认。

4）批量生产测试。

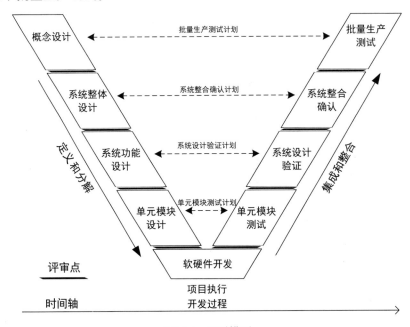

图10-1　V形模型

从图10-2中可以看到，针对复杂产品的测试也是从简单到复杂逐级上升的，或者以增量方式进行。在这个过程中，不同测试阶段通过评审点衔接，以确认是否可以进入下一个阶段。另外，除了以上几个测试阶段，还可能根据产品类型或客户需求不同而增加客户环境测试阶段，这个阶段既可以整合在其他阶段中，也可以单独成为一个阶段。

10.1.3　测试中的验证和确认

测试阶段引入了两个概念："确认"和"验证"。这两个概念有时一起提及，构成"V&V"字母组合。下面简要说明这两个概念，以防止混淆。[43]

1）验证（Verification），指通过提供客观证据来确认特定要求已经得到满足。

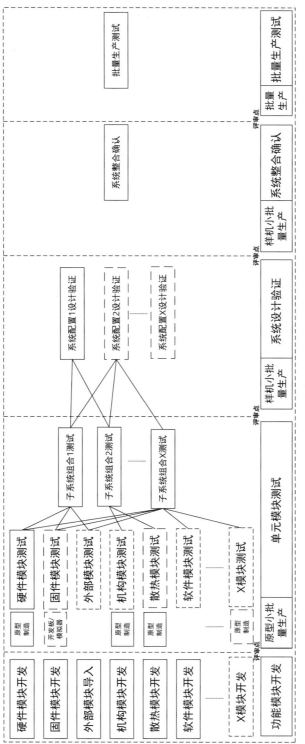

图10-2　测试阶段之间的关系

2）确认（Validation），指通过提供客观证据来确认某个特定预期用途或应用要求已经满足。

验证与确认用来确定系统或组件是否完整和正确，每个开发阶段的产品是否满足前一阶段定义的需求或条件，并最终满足系统或组件符合规定的需求。

系统能够验证和确认的前提是满足测试所需的各项条件，具体如下。

1）测试计划已经在测试之前完成，并且通过团队审核。

2）参与测试的人员已经到齐。

3）测试的各项资源已经齐备。

4）单元模块或产品样机系统的状态满足特定阶段的准入标准。

10.2 产品测试问题

在介绍每个测试阶段的特点之前，先对测试过程中可能遇到的问题做简单归纳。带着问题去思考测试验证过程及问题解决方法，更能深刻理解测试的意义及各种问题的解决思路。

10.2.1 产品测试问题的定义

在产品测试过程中，究竟什么样的情况、现象或结果等会定义为问题，也就是问题的本身是什么，是首先要解释清楚的内容。

产品在定义的内外部环境范围内，由于内在或外在的原因而不能正常执行预定的功能或不能达到需求的性能指标，则可以认为这个产品出现了问题。如果产品在测试阶段其功能或性能没有满足预期，就可以定义产品的某个功能或某个性能存在测试问题。

10.2.2 产品测试问题的分类

产品测试问题可以从不同的角度分类，既可以按阶段，也可以按功能，还可以按具体部件划分等分类。

针对软硬件相结合的产品类型，考虑问题出现或被测试发现后，需要分配给特定领域的专家分析与处理，因此给出如图10-3所示的一种产品测试问题分类方式。

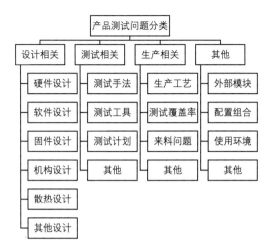

图10-3 产品测试问题分类

事实上，在整个产品的开发过程中可能发现各种各样的问题，大体可以分为以下几类。

1）设计相关的问题。

- 硬件设计，如原理图设计、印刷电路板设计等。
- 软件设计，如程序代码、（软件）功能实现等。
- 固件设计，如程序代码、（固件）功能实现等。
- 机构设计，如结构设计、机械强度等。
- 散热设计，如散热效率、系统噪声等。
- 其他设计，如线缆设计、文档内容等。

2）测试相关的问题。

- 测试手法，如不科学、不规范等。
- 测试工具，如不完整、有缺陷等。
- 测试计划，如不完整、不正确等。
- 其他，如测试环境干扰、测试样本故障等。

3）生产相关的问题。

- 生产工艺，如有缺陷、有漏洞等。
- 测试覆盖率，如测试覆盖率不够、不充分、有漏洞等。
- 来料问题，如来料质量差、来料储存保管不善等。
- 其他，如出厂检测标准有问题等。

4）其他原因导致的问题。

- 外部模块，如内存、硬盘、电源、传感器等。
- 配置组合，如采用了系统不支持的物料或超出系统支持的容量范围等。
- 使用环境，如存在超出规定的电磁干扰等。
- 其他，如设计文档内容不完整、不正确等。

以上仅是一种划分方式的介绍。事实上，读者可以根据不同产品类型及组成要素设计合适的问题分类，最终目的还是要根据问题的现象或表现尽快找到合适的专家进行分析与处理，加快问题解决速度；同时通过分类表格对问题快速进行初步分析与归类，间接提升问题解决效率。

10.3 | 单元模块测试

单元模块测试对应的测试对象一般是单个功能模块。单元模块测试主要在产品设计和开发的早期阶段测试各单元模块涉及的技术、方法或制造工艺的可行性等，目的是确认特定单元功能模块的实现方法、功能、性能等参数或指标是否满足产品需求或整个系统设计的需要。单元模块测试更关注某些高风险技术可行性的验证，通过前期的设计实验证实理论上的或期望的性能结果，从而为后续整体设计方案选择及降低项目技术相关风险做好必要的前期准备。

针对软硬件相结合产品进行单元模块测试，根据模块的不同特点，其方法包括如下几种。

1）单元模块理论或逻辑分析（纸面分析）。

2）单元模块建模和仿真分析（计算机软件分析）。

3）硬件单元模块测试。

4）软件单元模块测试。

5）固件单元模块测试。

6）机构单元模块测试。

7）散热单元模块测试。

8）其他单元模块测试。

当然，如果开发的产品在原来已有设计的基础上进行迭代，或者只有部分单元模块进行了设计上的功能更新，那么对于独立验证过的成熟模块部分，就可以根据实际情况进行评估后省略，而仅关注系统中新增的部分。

所有测试工作都需要按照在设计阶段已经制订并通过团队审核的测试计划来执行。如果测试过程中出现其他情况，可以在与专家团队确认后，根据具体情况有针对性地执行。

下面重点介绍几种单元模块测试方法。

10.3.1　硬件单元模块测试

硬件单元模块在开发完成并生产出来后就可以进入测试验证环节。部分模块需要与其他具备标准接口的模块配合（如需要特殊的供电模块接口）才能够直接完成测试与开发，这就需要在产品设计阶段同步开发相应的接口测试模块（如供电、调试和信号等接口），以便顺利对硬件单元模块进行相应测试验证，从而及早得出相应结果。

硬件单元模块测试流程可以根据不同产品的特点制定并执行。例如，计算机电路板硬件模块首次开机上电测试流程如下。

1）电源设计部门进行各项直流阻抗检测。

2）不装配处理器，先检查备用供电情况。

3）装配好处理器，进行各种上电信号检测。

4）查询是否存在漏电流。

5）烧录固件，检查开机输出过程。

6）进入BIOS界面。

实战分享

计算机主板第一次上电开机可能发生的问题及原因如下。

（1）主板接好电源，按下开关后无反应或部分功能异常。检查时序电路中的上电顺序是否正确，是否有未上电的部分，根据原理图设计进行检查。首先检查主板上电是否异常，然后检查有无电路设计或制造过程造成的开短路。

（2）接好电源且上电功能正常，但是上电自检（Power on Self-test，POST）代码异常或无跳动。

第一，POST代码为00，表示固件代码一步也没有执行，这就要进行整体分析，包括BIOS信号部分、处理器相关总线通信部分、处理器装配件及PCBA生产制造部分。

第二，POST有运行代码，但停留在一个固定的代码上，这种问题比较复杂，有可能是硬件、固件、BIOS等几方面的问题。根据POST代码的解析来定位问题，并要求硬件工程师分析相应的硬件部分是否存在问题，确定问题是否可以复现、是否存在随机概率。在分析过程中，功能部门开发人员最好坐在一起相互启发，找到问题解决的关键。

第三，单板问题，指同批次存在个别板子异常。其原因也是多方面的，包括印刷电路板生产制造问题、芯片组本身问题、工程生产制造过程问题等。一般不应该在前期的调试期间在单板问题上消耗过多时间。

第四，外部模块存在问题，包括内存损坏，兼容性问题，CPU、硬盘、操作系统问题。某些时候，由于平台及固件的特性，也存在挑显示器或键盘的情况，这种问题需要仔细辨别。

10.3.2 固件单元模块测试

针对固件单元模块，可以采取两种方式进行验证：一种是基于标准嵌入式开发平台，先进行部分固件功能模块的开发与验证；另一种是硬件模块完成生产及开机调试后，再同步进行固件模块的功能开发与调试。

1）对于有标准嵌入式开发平台的项目，在这个阶段可以先在开发平台上进行一定程度的功能开发验证，或者在软件支持仿真的前提下做一部分代码功能仿真验证的工作。

2）对于特殊硬件设计，因为固件与硬件的设计是相互依赖的，所以只能先完成代码模块的设计与编码的代码验证，等到硬件单元生产出来后，才能进一步设计验证，以保证设计可行和正确。

10.3.3 软件单元模块测试

针对软件单元模块，如果是全新开发的软件，就可能需要进入系统整合阶段，并且硬件平台达到一定的稳定度，才能够进行完整的测试，所以在进度安排上相对比较靠后。如果在已有软件的基础上增加新的产品类型或特性，就可以在开发早期使用其他平台先进行一定程度的设计验证。

10.3.4 机构单元模块测试

早期机构原型机加工出来后，首先由机构工程师从关键的公差尺寸及装配等专业角度，对原型机实物进行测量分析，从而更直观地评估机构设计的各项关键指标。

如果条件允许，可以用非开模的手工原型机进行系统装配，进行早期系统功能验证，如机壳与各硬件模块的组合装配评估等。

10.3.5 散热单元模块测试

散热工程师应在产品设计与开发早期，通过手工搭建的模型或机构早期的原型机进行散热设计方案的早期测试，特别是实测验证早期设计方案是否能够解决可能存在的各种极端散热情况，从而为下一步的散热设计方案优化收集足够的数据，保证设计方案有效。

10.3.6 其他单元模块测试

对于软硬件相结合产品，还可能包括如下几类单元模块测试。

1）电源功能测试。

2）信号质量、电磁兼容性等的早期测试。

3）机构干涉及机构安装测试。

4）线缆布线方案评估测试。

5）基本功能及环境压力的早期测试。

实战分享

设计经验不足导致的异常问题。

（1）采用面包板进行模拟电路搭建与设计，设计完成后功能正常，但是测试一段时间后就出现异常。找了许久才发现，一个焊点的松动造成了一种虚焊的情况，导致功能一会儿正常一会儿异常，用肉眼从表面上看根本看不出来。

（2）采样电阻两端随便连接了两根信号线到采样芯片，但是一位专家在设计评审中指出，针对此类设计，需要采用等宽等长的两组走线进行相应连接，并不是随便拉两条线就完事了。

由此可见，一个人的力量与经验始终是有限的，当跳入自己设定的逻辑怪圈时，最好的方式就是向周边的人及经验丰富的团队求教，弥补自身特定领域知识的不足。

实战分享

连接器接触点压降问题。

（1）在产品设计过程中，没有考虑接插件接触点会随着插拔次数的增加及短路测试的冲击而发生氧化，导致阻抗增加，从而导致产品采样测试的结果发生漂移。

（2）即便不经常插拔，连接器接触点也会因为持续的短路冲击（设计需要）而发生氧化，并导致接触阻抗发生变化。

由此可见，工程经验不足，设计理想化、书本化、公式化容易引起问题，要多学习、实践和请教。

10.4 系统设计验证

10.4.1 什么是系统设计验证

系统设计验证是第一次完整地将所有模块、子系统等部件整合成一套原型机系统来进行验证。系统设计验证主要用来评估整个系统的设计可行性及各种功能或性能参数，识别并解决与工厂整机生产制造和产品功能需求相关的各种问题，为下一步系统整合确认做好充分的验证准备。

系统设计验证需要达成的目标如下。

1）基本的电路设计功能满足设计需求，信号质量与完整性能够满足后面批量生产的需要。

2）确认基本的模块、子系统、系统级别的测试能够满足设计规格书的功能需求。

3）机构设计能够满足设计要求，机构设计的裕量、散热设计和噪声标准等能够满足后面批量生产的需要。

4）确认是否存在影响批量生产的设计问题。

5）关注关键且重要的系统测试项目。

6）识别系统设计中存在的各种问题和缺陷，记录所有问题并提交系统，以进行管控与后续跟踪处理。

系统设计验证阶段涵盖了整个产品系统级别的测试与验证。在各单元模块完成验证后，就可以初步进行系统整合，可以首先组合成能够进行基本测试的最小化系统，然后从最小化系统的功能验证开始逐步进行，直至完成系统装满配置的功能验证。当所有基本功能设计都满足产品的设计要求，接下来就是基本的信号质量和信号完整性测试。这个阶段的主要目的是进行功能验证及信号相关的验证，从而了解基本功能是否完整，为后面的修改更新测试做好铺垫。

如果系统连基本功能正常运行都没有办法实现，则意味着后面的测试将无法进行，可能影响项目进度。所以，产品进入下一步测试之前必须满足基本的准入条件，以避免不必要的人力、物力资源的浪费。

10.4.2 系统设计验证的内容

系统设计验证不仅包括电路相关测试，也包括与系统相关的测试。对于软硬件相结合的产品，系统设计验证包括如下内容。

- 硬件电路设计相关测试，如信号完整性、时钟、电源、各种功能测试等。
- 机构设计相关测试，如振动、冲击、跌落测试等。
- 线缆走线相关测试。
- 散热及噪声相关测试。
- 性能相关测试。
- 整机压力相关测试，如开关机、软件压力测试等。
- 安全规范及电磁干扰测试等。
- 基本功能压力测试。
- 各种固件功能测试。
- 各种软件功能测试。
- 环境温度测试。
- 产品高加速寿命测试。

- 基本软硬件兼容性测试。

早期系统硬件的设计，力争一次就做正确，这样才能最高效地实现产品交付。下面简要介绍与硬件信号完整性测试相关的一些内容。因为单元模块可能在常规测试或单个模块独立测试的情况下表现正常，如果没有经过系统级别的测试，则可能存在不满足信号完整性的情况，会在通信可靠性等方面出现各种问题，导致产品设计最终失败。

1. 信号完整性测试的意义

信号如果有问题，就会导致产品通信不稳定，或者由于无法完成通信而功能失效。信号完整性测试的意义在于，只有真正执行测试，才能知道计划与设计之间是否存在不可接受的差异，确保所有信号都能够正确接收，同时帮助改进信号设计，提高产品设计与开发的可靠性。具体包括以下几点。

- 保证所有信号都能够正确接收。
- 确保信号之间不会相互干扰而影响接收。
- 确保信号的电压或电流不因存在可能的异常而损坏任何元器件。
- 确保信号不会污染电磁频谱。

2. 信号完整性测试的主要内容

1）验证电路板的阻抗是否满足设计要求。

2）验证各主要高速信号是否满足芯片设计要求。

3）验证各主要高速信号是否符合相关通信协议标准。

4）验证上电时序的波形有无异常。

5）验证各电压部分是否满足设计要求与规范。

3. 信号完整性相关问题的解决思路

随着技术的不断发展，各种协议信号的传输速度也越来越快，这不但给设计带来了巨大挑战，也给信号的测量带来了挑战。采用复杂且高速信号协议设计的产品，通常信号完整性测试会由专业人士负责，但是如果发现问题，仍然需要设计开发人员与测试人员共同解决。

1）关注影响信号完整性的三个源头：噪声、时序和电磁干扰。

2）对信号互联阻抗的深刻理解是解决信号完整性相关问题的关键。

3）测试开始时，所有测试部门使用的固件版本都应一致，以免造成测试资源与时间的浪费。在这个阶段，也要对如下几类问题进行重点跟踪，以便找到相关问题的可能原因。

- 设计变更。
- 系统整合问题。
- 生产制造问题。
- 测试问题，如产品开发测试及产品生产测试。
- 涉及多方的问题。
- 只发生一次且无法复现的问题。

实战分享

相信专家口头分析及文档数据，但也要验证确认。

有两款尺寸及接口完全一样的电源模块。早期与内部相关人员确认，得到的回复是："两个电源除了输出功率不一样，其他设计都是一样的。"电源的规格书也的确是无差别的，之前分别应用在不同的产品上也没有发现问题，但是当这两款电源应用到同一个系统中时，就出现了报错。

细化分析到电源的固件层面，才发现两款电源的固件分别是由两位固件工程师负责设计的。虽然规格书相同，但是个别寄存器位设计不一样，在同一个系统中使用时固件读取数据反馈不一致，从而报错。所以系统设计验证这个步骤很重要。

由此可见，系统设计验证是得出正确数据或结论的不可或缺的重要环节。

10.4.3　系统思考解决测试问题

单元模块在独立测试验证过程中可能没有发现问题，但在系统级别的总调中又可能发现系统层面的设计错误，这时就需要采用系统思考的方式来处理与解决可能遇到的各种问题。例如，在单元模块设计阶段，可能单元模块的某个功能需要与其他模块配合，或者在系统级别的环境中才能够进行验证。在这种情况下，不能简单地认为单元模块通过了其他功能测试就不存在任何问题，这种思想可能导致问题在项目的最后阶段才被发现。所以在系统设计验证阶段就要找到这些潜在的与系统整合相关的问题并及时解决，而不能遗留到后面的阶段。发现各种问题后，就要从模块之间的关联入手，运用系统思考的方式找到可能的原因，进而解决这些问题。

实战分享

产品在设计阶段思考得不够全面，有可能导致在系统设计验证阶段才发现关于设计的新问题。

在设计某测试设备的过程中，由于设计早期进行的电路模拟仿真与面包板搭建的电路原型的测试验证均没有发现任何问题，所以主观认为这样的设计不存在任何问题。但是系统完成装配后，进行实际的功能调试验证时却发现了新的问题。该功能电路的信号互联在面包板上短距离连接的场景中是没有问题的，但是在实际应用中，面对大电流信号、长距离传输时，采样参数就发生了变化，需要对电路及设计参数进行修改与调整。

由此可见，在功能电路的设计过程中，特别是模拟采样电路的设计过程中，要系统思考问题，考虑实际应用场景中各种条件及参数变化的可能性，从而在设计功能电路时就进行设计上的兼容与调整。例如，这个例子中，修改后的线路采用可以调节的方式，以适应不同采样距离的场景。

同样，在设计复杂系统时，如果设计思路没有打开，考虑不周全，仅从单板的角度思考问题，而没有从整个系统的详细设计角度思考问题，则可能导致系统测试问题出现。系统设计的思想不同于单板设计，要想得更多、更远。

10.5 | 系统整合确认

系统整合确认是在上一个阶段的基础上对已发现的各种问题进行解决与修正，保证整机系统的设计功能和性能指标完全满足产品设计与开发需求，产品设计质量可以达到量产出货的要求。这个阶段需要完成系统级别相关的设计与验证工作，包括所有已知问题的解决，以及各种产品认证的测试通过等。

10.5.1 系统整合确认的目标

1）验证在上一个阶段发现并修正的问题。

2）对产品定义的不同配置及不同供应商的外部模块进行完整而全面的测试。

3）进行与满足需求的安全规范、电磁兼容性、可靠性及环境兼容性认证相关的测试，以及解决相关的问题。

4）导入与验证备选物料。

5）确保产品设计与开发符合各种工业界的要求及相应的行业标准。

6）关注系统性能测试及调优。

7）符合产品各功能模块及整体的设计质量标准。

8）全面测试产品需求定义的功能，使所有发现的问题在退出阶段前得到解决，确保不会对后续的批量生产及制造过程产生影响。

10.5.2　系统整合确认的内容

1. 系统整合确认阶段的准入标准

1）上一个阶段的测试全部完成，并且测试结果通过审核验收。

2）产品需求规格书通过审核，并且没有影响准入测试的新变更。

3）产品及系统部件都已经到位，并且满足产品测试的要求。

4）发布并审核了本阶段测试通过的标准等。

2. 系统整合确认阶段需要测试的内容

以软硬件相结合产品的系统设计为例，系统整合确认阶段需要测试的内容如下。

- 上一个阶段修改的模块单元等相关测试。
- 环境和可靠度相关测试。
- 产品安全规范和电磁兼容认证等相关测试。
- 节能环保等相关环境保护的认证。
- 系统各种配置组合的软硬件兼容性测试。
- 系统级别的各种性能测试及调优。
- 系统散热与噪声测试。
- 可用性及人机接口等相关测试。
- 软件及固件安全及协议一致性测试。
- 电源、散热及系统管理等相关测试。
- 系统RAS相关的容限、容错测试等，如软硬件错误注入测试。
- 系统各项功能测试。

实际上，在产品设计阶段，就应该为产品最终的系统测试制订好相关的方案。如前所述，系统整合确认主要是产品整个系统功能、环境适应、可靠性等各方面的验证。以软硬件相结合产品为例，主要包括如下三类。

- 功能测试。不同类型操作系统或固件控制下的各项功能测试，通常包括基本的输入输出接口测试、内存测试、处理器测试、网络测试、管理接口测试等。
- 压力测试。系统中各模块在最高负载情况下连续工作能力的测试。
- 边界测试。站在系统角度，采用各维度的最大数量输入、最大数量占用及最大数量数据通信速度等方式，测试系统在各种极限条件下是否能够满足设计要求。

3. 环境和可靠性确认

从产品系统角度来看，产品环境和可靠性确认是系统整合确认阶段的重点活动之一，涉及的相关技术及知识领域比较宽泛。下面简要介绍相关内容。

什么是环境和可靠性确认？这里的环境是指产品在实际生命周期内可能遇到的在产品需求定义范围内的对各种外界变化的适应性。可靠性是指产品在规定时间、规定条件下完成规定任务的程度。[43] 简单来说，就是确认产品设计与开发能否满足相应环境和可靠性需求。

软硬件相结合产品的环境和可靠性确认的主要内容如图10-4所示。

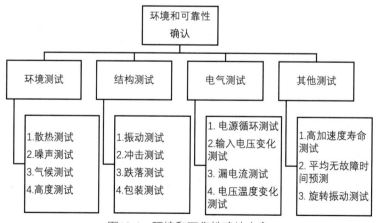

图10-4 环境和可靠性确认内容

1）环境测试。

（1）散热测试。测试产品的散热设计是否满足产品应用环境设计的需要。

（2）噪声测试。测试产品在各种温湿度条件下，风扇转速变化等原因产生的环境噪声是否满足产品设计与开发需求。

（3）气候测试。这是与温湿度变化相关的可靠性测试，通过模拟产品在运输、存储、工作状态下的温湿度环境，检验产品一段时间后受到的影响是否在可接受的范围内。

（4）高度测试。海拔高度对电子产品的影响包括以下两类。第一，爬电距离影响。沿绝缘表面测得的两个导电零部件之间或导电零部件与设备防护界面之间的最短路径，即在不同的使用情况下，由于导体周围的绝缘材料被电极化，绝缘材料带电。第二，气压低，空气热传导能力和对流换热能力降低。

2）结构测试。

（1）振动测试。主要模拟产品在使用中可能受到的一定频率范围内的振动，用以检测产品性能是否下降。包括以下两类：第一，无包装不运行振动测试，主要模拟产品在运输中可能受到的一定频率范围内的振动，以检测机构设计的薄弱环节。第二，有包装不运行振动测试。主要模拟产品在运输中可能受到的一定频率范围内的振动，以检测包装的薄弱环节。

（2）冲击测试。包括以下两类：第一，运行冲击实验。主要模拟产品在使用和运输过程中经受机械冲击的适应性，以检测产品本身抵抗外力的能力。第二，无运行冲击实验。主要模拟产品在运输过程中经受机械冲击的适应性，以检测产品本身抵抗外力的能力。

（3）跌落测试。主要模拟产品在搬运期间因粗暴装卸而跌落的适应性，以检测包装材料对产品的保护能力是否达到设计要求。

（4）包装测试等。

3）电气测试。

（1）电源循环测试，如交流及直流电源循环开关机测试。

（2）输入电压变化测试，如环境温度及输入电压拉偏测试。

（3）漏电流测试，如硬件电路漏电流测试。

（4）电压温度变化测试，如芯片或电路输入的交流电压、频率、温度测试等。

4）其他测试。

（1）高加速度寿命测试（Highly Accelerated Life Testing, HALT）。采用步

进变换应力（包括高低温、温度循环、振动、电压边际、频率边际、开关机循环等）的方式，促使产品缺陷在产品设计与开发早期以故障的形式显露出来，包括设计缺陷、材料工艺缺陷等，从而尽早发现问题，使最终设计的产品更加可靠、提升产品质量，并加快产品上市。

（2）平均无故障时间预测（Mean Time Between Failure, MTBF）。平均无故障时间描述了可维修系统相邻两次故障之间的平均工作时间，是衡量产品可靠性的指标，单位为小时。它反映了产品的时间质量，体现了产品在规定时间内保持功能的能力它仅用于可维修的产品，并作为一种工具来帮助计划关键设备的不可避免的维修。平均无故障时间预测也是对产品或系统的可靠性进行定量估计，推测其可能达到的可靠性水平，是实施可靠性工程的基础。它以产品的物料清单为主要的输入项目，使用相关软件，并依据产品环境条件等限定，计算出系统的平均无故障时间预测的估值。

（3）旋转振动测试等。

实战分享

电子元器件失效的原因与所施加的应力相关，主要的应力包括以下四种。

（1）电应力，如电压波动、电流尖脉冲等。

（2）热应力，如过热、过冷等。

（3）化学应力，如腐蚀、污染等。

（4）机械应力，如机械疲劳、拉压扭转、冲击、振动等。

失效分析是一个复杂的、综合性的过程。失效分析遵循先光学后电学、先面后点、先静态后动态、先非破坏后破坏、先一般后特殊、先公用后专用、先简单后复杂、先主要后次要的基本原则，反复测试，认真比较，同时结合电子元器件结构、工艺特点进行分析。对软硬件相结合产品系统发生失效的分析手法如下。

（1）先静后动。先考虑问题可能出在哪里，再动手操作。

（2）先外后内。先检查机器外部电源、设备、线缆，再开机箱。

（3）先软后硬。先从软件入手，再从硬件入手。

实战分享

（1）提升系统稳定性的小技巧。大内存计算机的优势在于最大限度地保持计算机的稳定性。单说硬件，机械硬盘引起的卡机、死机占故障原因的大多数，磁盘坏道导致的故障有时并不容易明确判断。然后是电源原因。内存原因很少见，因为在大内存缓存下，磁盘极少活动，寿命自然就延长了。

（2）提升系统可靠性的冗余设计方案。在高可靠性应用环境下，提高系统整体可靠性可以采取使用不同厂家设计方案的方法。例如，某款模块存在设计缺陷，但是需要特别的触发条件。所以，模块即便使用很久也可能没有任何异常，但是设计缺陷一旦被触发，就有可能导致系统崩溃。例如，某个网络请求的异常数据包触发了硬件设计缺陷，导致目标机器崩溃，数据发送端等待反馈超时后就将这个数据包发送给备份机，备份机因为存在同样的硬件设计缺陷，也崩溃了，这样所有机器都会崩溃，导致整个容灾策略失效。在实际设计过程当中，可以通过硬件异构的方式防范硬件本身存在设计缺陷。采用两种不同的硬件设计方案就比较容易以互补的方式规避这类问题。

实战分享

产品包装异地测试失败问题。

产品包装设计早期，在供应商的开发实验室，两次测试结果都是通过，但是开发后期在采购商的实验室测试失败，最后修改包装设计才通过测试。原因在于供应商测试步骤与采购商相同，所以早期没有进行交叉验证，但是执行的细节存在差异。所以，针对测试标准，不但要看测试步骤，也要考虑具体执行的细节部分是否相同，特别是在不同地点的实验室进行交叉验证，这样比较容易在早期发现差异，以解决相应的问题。这是对相同的测试标准可能存在理解上的差异而导致出现问题的一个典型案例，说明了确认的重要性。

4. 系统整合确认阶段性能调优的原则

1）大概率事件优先。对于大概率事件，赋予优先处理权和资源使用权，以获得全局的最优结果。

2）阿姆达尔（Amdahl）定律。加快某部分执行速度所获得的系统性能加速比，受限于该部件对系统的重要性。系统性能加速比=系统性能改进后/系统性能改进前×100%。

3）程序的局部性原理。程序在执行时访问的地址的分布不是随机的，而是相对簇聚的，这种簇聚包括指令和数据两部分。

5. 系统整合确认阶段出现软件问题的原因

系统整合确认阶段是软硬件相结合产品测试的重要阶段，有效发现并解决软硬件兼容性等问题也是这个阶段的重要任务之一。在这个阶段，出现软件问题的原因示例如下。[23]

- 软件复杂性。
- 非线性（多线性）软件。
- 对不期待的输入或条件估计不足。
- 动作异常的外设接口。
- 硬件或操作系统与软件不兼容。
- 管理不善。
- 测试不充分。
- 粗心大意。
- 想走捷径。
- 不向管理部门通报问题。
- 风险分析不充分。
- 数据输入错误。
- 输出解释错误。
- 对软件过于自信。
- 确认生产高质量软件的市场或法律压力。

在这个阶段，对于软件与硬件配合的相关问题（应用软件、驱动软件、测试软件等），可以从上述原因入手，找出软件方向的可能问题点，以便尽快解决相关问题。

10.6 批量生产测试

批量生产测试是指产品通过了开发阶段的各种测试，确认满足了设计质量要求与各种产品规格书的要求，随后进行工厂大批量生产制造程序等相关验证，同时在大批量生产的前提下保证产品的生产质量，目的在于验证系统设计是否已经符合大批量生产并出货的各项标准。批量生产测试用来验证工厂的供应、生产、测试、质量指标、运输等是否符合与正式生产一样的标准。这个阶段的退出意味着产品已经满足批量生产的要求。

批量生产测试的目标如下。

1）确保工厂能够满足产品批量生产的需要。

2）发现并解决影响批量生产执行效率的各种问题。

3）找出来料、生产、出货等各环节可能存在的影响批量生产的问题。

4）保证产品达到批量生产出货的要求。

5）确保整个产品生产相关数据链完整。

批量生产测试包括设计、组装及生产出货检测过程中对产品机壳、包装等标准的要求，如机壳或各种金属和塑料材料表面的粗糙度、目检的标准斑点、变形、划痕、脏污等内容。

是不是批量生产测试后就没有其他测试了呢？这不是绝对的，需要根据不同产品类型而相应定义。可能后续因为硬件或固件变更而进行相关测试，也可能在原来设计平台的基础上更新几个主要部件，如计算机项目中因更新处理器或内存等部件而需要进行一次全新的系统兼容性等测试验证。

实战分享

问题：高速信号经过驱动芯片造成的延时。

笔者曾经遇到一个在批量生产测试阶段调试了几天的与高速信号链路设计相关的问题，最终发现问题的原因是主板送出的时钟信号经过一颗时钟信号驱动芯片来进行扩展，在电路设计中，这颗时钟信号驱动芯片的初始使能信号进行了大约99毫秒的延时，从而有概率造成高速信号的复位信号先于其时钟信号到达芯片，进而导致芯片工作不正常。调节使能信号的延迟时间后，设备工作正常。

由此可见，要从整个系统的角度去衡量每个信号设计在系统中合理设置参数的重要性。有些隐藏的设计问题可能在一次小批量生产中没有办法复现，也可能经过一个很长的周期或很大的产品数量级后才发现问题的存在，但是问题一旦暴发，付出的代价一般都比较大，所以这里还要强调产品系统设计的完整性、系统思考的重要性。

10.7 | 客户环境测试

客户环境测试是指利用客户现场环境或接近客户实际使用场景的配置等对系统的各种功能及性能进行测试，从而保证产品在设计早期就考虑客户实际环境的需要。这个阶段可以与产品测试的任意一个阶段同步进行，也可以在产品上市后才进行。

1. 客户环境测试的目标

1）尽早发现客户现场适配可能存在的各种问题。

2）客户可以更早地进行项目应用的开发和机型的适配。

3）可以更早地评估机型的配置与性能，从而在设计阶段就把相关的问题解决，并在开发阶段就持续调优。

4）检查从生产到出货这条链路上是否存在什么疏漏，为后期的大批量出货做好准备。

由于合作类型不同，有些客户定制的产品可能在系统设计验证阶段就导入现场，进行一定程度的性能测试验证，以及与软件环境相关的开发工作。

2. 客户环境测试的注意事项

1）客户过早介入产品评测，在软硬件成熟度还不高的早期，可能存在人力及测试资源的浪费。

2）对于开发团队，客户的早期介入可能导致沟通的复杂度提升，从而在一定程度上影响项目进展。

3）关于测试资源的早期筹备，客户参与可能影响项目各种资源的分配，也可能使早期仅有的样品资源紧张，并且项目开发费用也会因客户的参与而有所增加。

因此，项目系统工程师或项目经理需要在项目计划阶段的早期就把以上问题计划好，这样后期协调配合时就会顺畅很多。

10.8 复杂问题处理案例

在产品设计与开发过程中，任何问题的产生都是有原因的，有技术上的、有执行上的、有管理上的、有流程上的，也有理解上的。产品设计与开发人员最大的价值就是找到这些问题背后的真正原因并将之解决，但是有几个前提条件：简单、快速、低成本、高质量且无副作用。这看上去有点像看病，对症吃药，最好药到病除且无副作用。

本节主要介绍复杂问题处理案例。什么是复杂问题？怎么定义复杂问题？从字面来看，复杂指的是事物的种类、头绪等多而杂。笔者认为，复杂问题具备一个或多个如下特点。

1）问题不容易一下就找到根因，或者即便很容易找到根因，也需要用复杂的办法来解决。

2）问题产生的现象与问题原因并无直接关联。

3）问题是多方面原因共同作用的结果。

4）需要多个领域的专家共同处理。

5）需要多种验证手段或多个方向的结论来证明问题解决。

在处理各种产品问题的过程中，开发人员经常受到各种外界条件限制的压力，如项目出货因产品问题而被喊停，错过计划上市的时间点，没有足够的人力来解决问题，没有测试验证的资源等。工程师手里的资源永远都是稀缺的，几乎没有资源无限供应的项目，即便有，其承担的风险也必然是巨大的。

10.8.1 复杂问题处理原则

在现实中，应该如何在各种限制条件下快速而高效地解决复杂问题呢？要根据实际情况采取合适的方式、方法来解决问题。下面简单说明几点原则。

1. 运用系统思考方法

在开发的产品整合完成后，所有出现的问题就不再仅与单元模块相关，而应作为一个整体来看待与分析。对系统整体及整体性的理解能够极大地促进产品问题的分析与解决。

多数情况下，产品出现的问题就如同人们疾病的表现，需要从各方向入手做系统诊断，不能头痛医头、脚痛医脚，这样才能分析出问题的根本原因。

具备全局系统分析诊断能力的前提是掌握系统思考方法，既要关注单点，又要站在全局角度系统分析各种问题。随着系统设计的复杂性增加，系统中隐含的问题也会随之增加。

2. 充分发挥团队的力量

通过深度思考掌握各种现象的根源与共通之处，是突破的关键。[44]用系统工程思想解决问题时，非常强调组成学习小组，各方面的专家共同讨论、研究，从而突破个人知识范围的局限。技术细节决定成败，往往大的系统失败于小的细节，而细节问题往往需要团队的慧眼来找到。

3. 结合实际场景采用有效方法

不一样的问题往往需要采用不同的解决手段与方法，即便一个相同的问题，放在不同的应用场景下，也可能需要采用不同的解决方案。有一些方法在处理问题的过程中比较有效，如思维导图、鱼骨图、访谈等。

4. 遵循合理的处理步骤

不要在故障发生后盲目地一味拆卸零件，可以按照下面三个步骤处理。

1）分析问题特征。

2）假定导致问题出现的原因。

3）找到解决问题的方法。

下面列举一些案例，希望能够给读者一些启发。

10.8.2　新产品开发案例

当公司决策层根据战略需要决定开发一个全新的产品时，虽然技术实现的过程可能与现有产品或已掌握的技术有一定共通之处，但是对负责新产品设计、开发、测试、生产、全球多个地区销售和运维的人员来说，这仍然是一个全新的过程。开发过程中也必然遇到这样或那样的新问题，可能由于产品类型变更而与原来的流程有相冲突或改变的地方，也可能由于沟通不到位或理解不到位而在特定时间点出现各种新的复杂问题，这些都是需要开发团队面对并及时解决的。

1. 一种全新存储设备的开发

在开发一款全新存储设备的过程中，由于采用全新的设计方法，在开发阶段和生产测试阶段都遇到了新的问题。下面列举几个导致项目花费很多人力、物力的典型案例及其分析解决的过程，供读者参考。

1）多模块之间相互通信失败。

（1）问题背景。如图10-5所示，高可靠性的存储设备通常有两个控制模块，分别与主机相连，一个作为主控模块，另一个作为从模块，当主控模块出现异常时，会切换到从模块继续保持数据通信，从而保证设备可靠地持续运行。主从模块之间通过一组通信数据线来保持信息同步及相互检测工作状态。在测试过程中，发现通信数据线有一定概率出现报错。

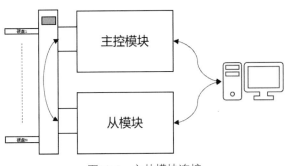

图10-5 主从模块连接

（2）问题分析解决的方法。第一，复现问题。分析问题最有效的方式就是复现问题，如果问题比较容易复现，那么解决起来也就更顺畅。想办法复现问题是解决问题的首要工作。第二，定位报错位置。通过报错相关信息进行设计上的溯源，找到可能报错的原因。

（3）问题复现手法。采用观察测试手法，总结测试经验，以此尝试复现问题。通过对通信协议的分析测试，发现主机启动瞬间会同时向两个模块发送数据，这时就有概率复现报错问题，于是采用反复重启主机的方式复现问题，从而进一步分析问题根因。由此可见，复现问题有时要发挥创造性思维。

（4）问题解决步骤。通过问题复现及底层固件的调试，发现主机同时发送数据给两个模块时，会导致主从模块通信数据线因相互传送的数据量过大而产生报错，在对相关程序进行修改优化后，问题不再复现。

（5）问题的根本原因。底层固件在设计时没有考虑极端数据通信情况；测试计划、强度或方法没有覆盖这个功能的极限情况。

2）设备信息读取失败。

（1）问题背景。每台设备都有一个存储设备重要信息（包括产品生产日期、批次、硬件/固件版本等信息）的储存芯片，一般通过I2C总线进行读取，以方便设备管理。在常规读取设备信息时读取失败，发生报错。

（2）问题分析解决的方法。仪器设备测量；程序代码调试分析。

（3）问题解决步骤。首先通过仪器设备发现I2C信号切换芯片存在一个问题，就是当总线进行复位时，切换开关并没有自动复位，而是需要单独复位。在解决硬件复位问题后，发现控制器端的I2C程序模块有概率死机，导致再次投入大量时间与资源进行复现及调试。

（4）问题的根本原因。第一，硬件芯片存在问题，可以通过软件手段解决。第二，固件模块设计存在问题，在每次复位命令执行之前，需要先将I2C相关的寄存器清除，再进行复位动作，这说明软件复位与硬件复位在某些控制器上还是有区别的。修正固件后，问题不再复现。

（5）经验总结。出现问题的都是新的模块设计部分。之前研发端的测试环境无法覆盖设计程序的功能，导致自测覆盖不完整。新发现的问题需要在未来的测试计划中被覆盖。

3）工厂生产测试程序异常。

（1）问题背景。工厂测试开发团队因人力吃紧，在项目之初就把生产测试程序的一部分非核心工作交给供应商的团队，并提供相应的接口规范与规则要求。在项目前期，收到过相应的测试程序设计交付物，但是没有收到产品测试开发有异常的汇报。在批量生产前期的整合测试验证阶段发现大量问题，需要对测试程序及产品固件进行修改才能解决。

（2）问题分析解决的方法。通过正式测试流程找出所有相关问题；针对相关问题制订计划，逐一解决。

（3）问题解决步骤。将问题进行优先级排序，首先识别导致测试不能进行的关键问题，并优先解决。非关键问题制订好相应的解决方案及开发计划，尽量在批量生产验证之前解决。

（4）问题的根本原因。无论是资深开发人员，还是资深系统工程师，在现代复杂产品的设计过程中都不可能顾及每个技术细节。专业的事情一定由专业的人来完成，并且有些需要整个团队才能完成。我们有理由相信各位专家，但是相信不代表不需要确认，确认环节非常重要。如果过于相信供应商，不在早期阶段进行确认与复核，就意味着管理上出现了漏洞，主观意识代替了客观验证。

（5）经验总结。在未来的流程设计中，应再次让专家确认他认为没问题的理由，除了经验上或主观上的，更重要的是实际验证的结果，确保不在项目关键时间点前的一两周才拿到测试失败的报告，导致整个项目存在极大的技术和进度风险及资源浪费。

2. 全新功能模块的导入

在模块化设计的模式下，新产品开发过程不可避免地要导入各种全新功能模块，有的是新平台，有的是固件升级设计，也有的是新工艺变更设计。这些"新"都意味着需要新的测试、新的验证、新的流程，也意味着新的各种风险，需要尽早制订相应的识别与应对计划，从而更有效地应对这些风险。

如今，在软硬件相结合产品开发领域，大部分硬件部件都是由半导体材料的芯片组合而成的，如各种传感器、控制器、存储器、网络控制器、电源控制芯片，就连机械硬盘在某些领域也逐渐被容量越来越大的存储芯片替代。随着产品迭代速度加快，以及越来越多的产品模块由一些主要芯片加上少量外围部件组合而成，问题往往相对更加集中。所以，针对这些高价值模块的导入及质量管理过程，要有相应的应对措施，一旦发生批次性或设计上的问题，就要及时识别出来，或者通过各种方法尽早解决，以免造成更大的损失。

下面分享一个案例：新产品上线发生各种错误。

1）问题背景。

（1）新产品可能采用全新技术或部件，因技术不够成熟或早期部件生产工艺存在瑕疵等，导致产品在特定应用场景下功能异常或失效。

（2）对新产品所需的各种电气或使用条件理解不够充分，依旧按照过往经验设计，导致设计不当，产生错误。

（3）新产品导入验证不够充分。

2）问题分析解决的方法。

（1）尽量收集足够的信息，包括配置信息、版本信息、故障日志、使用场景等。

（2）尽量获取发生故障的样本，如果有可能，尝试获取整机的样本进行分析，因为发生的故障可能仅仅是一种表象。例如，建立通信连接后，主设备没有及时发送相应的数据，导致从设备等待超时而报错，那么错误的源头可能是发送端设备没有及时送出相应数据，导致接收端设备发生报错。

（3）根据具体问题组建相应的内外部专家团队，进行多方面分析处理。

3）问题复现手法。

（1）根据客户配置等信息搭建测试环境，进行测试复现。

（2）如果有条件，可以增加各种侦测与分析设备，监控设备报错的源头。

（3）采用故障样品复现问题，通过现象找到相应的规律。

（4）如果问题不容易复现，可以通过增加测试机器的数量或测试次数来覆盖。

4）问题解决步骤。

（1）通过日志分析定位问题。

（2）通过问题复现及相应的数据分析，找到问题的可能原因。

（3）将出现问题的样品送回部件原厂分析，通过更深层次的失效分析手段找到问题的原因，并以此找到问题最终的解决方案。

（4）从多个角度进行排除，最后定位到一个主要的方向，再进一步细化分析。

5）问题的根本原因。问题的根本原因有很多种可能。

（1）产品系统设计不当，没有采用模块的参数要求。可以通过调整设计或参数来解决。

（2）使用者操作不当。可以通过培训或详细说明来解决。

（3）半导体早期工艺不稳定，导致产品早期失效。可以通过加强设计工艺稳定性及产品出厂前进行压力测试来解决。

（4）模块测试覆盖不充分导致残次品流出。可以通过提高产品测试覆盖率来解决。

6）经验总结。

（1）新的模块一定要在设计过程之初就进行充分的测试验证，以保证设计能够满足需要。

（2）有效的日志、充分的样本点往往是解决这类问题的关键。一般遇到这类问题，样本点的数量最能说明情况，也就是必然有原因导致不良事件发生，并且发生的概率超过了产品使用者能够接受的极限，为运维和质量带来了巨大的不利影响。这类问题的原因也可能是多方面的，最直接的方式就是拿到有效的日志信息，再进行分析。

（3）如果进一步定位，发现问题是由模块导致的，那么送回原厂分析是最专业、高效且有说服力的手段。

10.8.3　新配置需求案例

当一个产品成功上市后，提供更能满足市场需求的功能，或者扩展应用的范围，是其持续产生价值的重要方式。在已有的成熟产品系统设计的基础上，增加新的模块、软件或固件功能，而不变更原有硬件基础设计，这样的新配置就很有效。

但是，因为有了前面产品成功设计与开发的经验，人们往往认为引入一个新配置的风险没有那么高，想问题也更简单了。事实上是这样吗？这种简单的假设是很危险的。"细节是魔鬼"，能够进行系统思考是复杂项目成功的关键。如果没有掌握系统思考方式，那么在设计复杂系统时，哪怕配置变更这样的需求，都会面临巨大的现实考验，包括超支的预算、超期的进度、不断扩大的项目范围和持续的资源投入！

下面分享一个案例：产品支持硬盘热插拔功能的配置。

这个新配置需求简单来说就是当系统支持多个物理硬盘接入时，使用者可以根据不同系统配置对存储容量使用的需要，在不影响系统正常工作的前提下，通过插入或拔出物理硬盘来实现存储容量的增加或减少，也就是开机带电插拔硬盘而不损坏硬盘，也不关闭正在运行的操作系统。这种带电插拔而不影响系统正常工作的功能简称热插拔。

1）问题背景。已经批量生产上市的产品收到支持硬盘热插拔的变更需求。之前有相近产品，需求类似，已经成功上市。

团队基于其他产品成功案例，初步评估，认为风险不大（见图10-6），系统只需变更几个子模块就可以满足变更需求。常规测试验证阶段测试结果为通过。但采用客户要求的配置进行测试时，测试失败。

仅仅从图中来看，整个需求似乎很简单，只要几个模块配合连接就可以实现相应的功能，但实际上，硬盘热插拔失败是与系统设计相关的多个原因共同导致的一个复杂问题的表象。在没有增加新的功能之前，系统自身已经达到了稳定的平衡，可以满足原始产品设计与开发的要求，但是当新的变更需求导入后，就打破了原有的平衡，导致了一些新的问题。所以，产品系统设计要在需求与满足需求之间找到一个稳定的最优平衡点，否则就是对客观世界理解的绝对化。

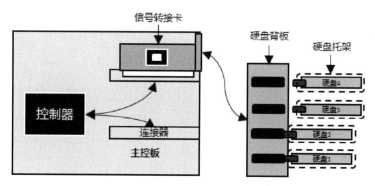

图10-6　热插拔系统连接

因为解决过程非常复杂，付出了大量人力、物力及各种测试资源，才最终厘清并满足设计要求，所以下面将烦琐的过程简化，仅以经验总结的方式进行陈述，让读者既知道"因"和"果"，也了解其中的主要过程，并从中吸取经验，得到收获。

2）经验总结。

（1）针对新的配置需求，在技术评估过程中，没有由于涉及硬件变更及新功能实现，而从原理及实际原理图层面做完整的技术可行性及风险评估，仅根据其他类似项目有相近设计的成功经验就主观判断可行，从而造成后面的技术实现及功能验证过程中出现很多复杂的问题。

经验教训：涉及硬件变更或原始设计不支持的功能，要从原理图信号层面对整个链路进行评估，切不可主观判断，应通过技术评审进行决策。

（2）在发现新设计与已经通过类似变更实现的硬件线路没有不同后，没有引起足够的重视。

经验教训：这里的硬件线路没有不同指的是两个系统的主控制板是一样的，但是没有注意到其他连接构成的模块设计是不一样的，这也是测试失败的主因，所以要系统地看问题。

（3）测试用例及测试计划完备性问题。针对新的热插拔功能，在测试验证阶段，测试计划定义过于简单，覆盖率不够，造成潜在问题无法在测试验证阶段被发现。

经验教训：技术评估后，如果有错误，本来可以通过常规测试发现，但是之前定义的测试手法过于简单，导致根本没有办法覆盖热插拔功能测试的需求，在设计测试验证阶段给出了测试通过的结论。所以测试手法也要定期审核更新。

（4）硬盘背板的固件代码设计问题。测试中发现，针对不同的接口，背板设计的延时参数不一样，导致操作系统读取时间超时而报错。

经验教训：事实证明，符合当前设计需求不代表能够满足新的设计需求，因为新的需求有可能打破原本设计的平衡。在非热插拔使用过程中，延时参数不同并不影响正常功能的实现。这从侧面反映了产品批量生产后，设计代码也可能存在潜在问题。

（5）评估过程仅采用主观假想，而非实际逻辑推理验证。实际上，原始设计的信号转接卡不支持热插拔功能，需要重新修改硬件设计才能解决问题。另外，系统采用的信号转接卡是从某项目中复用过来的，该项目如果变更系统设计可能忽略相关复用其部分模块的其他项目的设计。如果某项目改动硬件和固件会对其他系统造成影响，则需要重新申请新的物料编号来管理。如果信号转接卡的供应商是另一家公司，则需要评估未来的需求及支持等风险。

经验教训：如果计划采用的部件并不是系统原始设计中的部件，就要对所支持的功能进行审核。如果部件需要进行一定的修改才能使用，就要考虑修改后对原始项目的影响，是不是影响其他项目，或者影响供应及采购，而不能简单从本项目的角度来考虑。

（6）客户定制化操作系统可能带来兼容性问题。不同客户会根据自己的情况定制开发自己的操作系统，从而导致各自不同的系统行为，主要体现在底层固件相关的定制或驱动上的差异。在这个案例中，不同客户定制的操作系统的行为不一样，需要系统设计都能够兼容。

经验教训：事实证明，产品一定要尽量考虑各种极端情况，而非仅仅为了满足某个特定的需求而简单地设定一些参数，这样才能让系统有更好的适应性，后面的变更才会最少。

（7）系统硬盘托架的设计存在插入和移除过程中行程出现曲线的情况，从而导致中间的信号转接芯片无法判断这个过程产生的接触异常是信号干扰还是硬盘真正被移除了。

经验教训：结构设计影响接插件在插拔过程中接触的先后顺序，会因插拔次数过多造成接触阻抗变化及接口损坏。优秀的设计能大大降低因系统抗干扰能力差而出错的概率，同时能规避人的动作等因素给系统带来的干扰。

（8）系统及子系统板设计没有预留调试设计接口，导致调试过程非常困难。

经验教训：在不增加物料成本及产生其他副作用的前提下，尽量预留更多的设计接口，以备后面调试及除错，如控制器调试接口等。

（9）使用高级调试手段，通过对通信协议的分析，大大加快了问题分析的进程。

经验教训：在调试与问题分析的过程中，高级调试手段的使用极大促进了问题的定位和后续分析，如使用高级调试接口、通信协议分析仪等。但是工具只是抓取有效数据的助手，具体分析又落回到协议的解析及状态机的分析过程中。

（10）问题的陈述、报告的呈现、问题及信息的传输、表达及沟通能力有待提高。

经验教训：如何将一件事情陈述得清楚、明白，并且使受众能明白说者要表达的内容和信息？培养良好的沟通能力非常重要，包括对问题关键点、计划方案、当前状态、责任人、执行的计划与期限、资源需求的要点等的沟通，以及英语写作与表达。

（11）绝对没有问题的产品存在吗？

经验教训：对于大批量出货的产品，不是绝对没有任何问题，而是保持合理的失效概率，并且使相应的质量风险是可控的。

（12）芯片不应该有问题吗？

经验教训：芯片设计并不一定就是理想的。芯片本身在设计上也可能存在各种各样的缺陷或问题。有些问题在某些场景中能遇到，有些问题直到产品退市也不会遇到，有些缺陷可以通过各种与之配合的硬件与固件更新来解决，有些缺陷则变成固有的存在。

（13）调试时间过长怎么办？

经验教训：办法总比困难多，通过对问题的调试与分析，收敛问题并围绕问题本身想尽各种方式方法，以求解决问题。解决问题的想法可以来自内部，也可以来自外部，集思广益，依次剥离每层问题，最终解决问题。越到后面，最困难、最复杂的环节越会凸显，也是最难以处理的。到了这个时候，调动团队的积极性、协调资源、保持耐心就显得更重要了，因为此时的压力是最大的，往往也是最关键的。

（14）不管客户可以吗？

经验教训：沟通与安抚客户与问题解决是同等重要的。有部分问题是在客户端发现的，针对调试分析过程与客户进行有效的沟通与验证，需要团队成员共同努力。

总之，复杂问题的根因往往有很多个，需要站在系统的角度，与团队共同解决。在这个案例中，问题的原因是多方面的，但是原始系统是运行正常的，这也说明了任何变更都会打破原来的系统平衡，事情往往不像看上去那么简单。系统设计要在开始就进行全局、系统角度的考虑，不能想当然地认为A机器功能正常，B机器也一定正常，不要等到测试阶段才发现问题。同时，产品测试计划要科学、严谨，这样才能够更有效地排查出各种潜在设计问题。

10.8.4　产品部署后案例

产品出货部署后，发现批次性问题，如果不能及时解决，后果是不可想象的，包括停供、砍单、退货、索赔、影响公司声誉等，这些后果无论对于哪家公司都是不可承受之重。产品部署后一旦发现批量性问题，需要立刻找到原因并尽快解决，以减少双方的损失！

如果是重大且复杂的问题，不能很快定位问题并找出原因，则不能常规应对，需要马上成立应急处理团队快速响应各种需求，如成立老虎团队（Tiger Team）。

实战分享

老虎是百兽之王，其特点是习惯独行、捕食时动作敏捷、行动迅速而果断、尽可能以最小的攻击力量获得最大的回报。那么什么是老虎团队呢？

老虎团队是为了调查或解决特定问题、重要事件或突发事件而由不同职能部门的专家临时组成的团队，目的是由跨领域的资深专家团队来快速、高效地处理复杂而重大的问题。老虎团队应用的经典案例之一是，1970年，阿波罗13号载人登月任务中，服务舱氧气罐爆炸、太空舱严重损毁并失去大量氧气与电力后，通过组建老虎团队进行有效应对，使三位宇航员安全返回地球。接下来介绍老虎团队的5W2H。

What（做什么）？老虎团队不处理常规的项目开发问题或一般事务，而处理各种意外、紧急且影响重大的复杂事件。例如，产品在客户现场突发批量性故障并影响客户使用，设计的测试设备在生产线上发生意外故障影响生产等。

Why（为什么）？需要更迅速地找到问题原因并及时解决各种复杂问题，否则会面临巨大的经济损失或威胁个人财产、生命安全等。由跨领域资深专家组成的团队能够依据其丰富的项目经验与专业的问题处理方法准确地识别问题、潜在风险及影响范围，并给出专业的决策建议，更容易找到解决问题的方案。

Who（谁）？针对具体问题，从不同部门中挑选资深专家（必要时包括客户或特定专业领域的外部咨询专家），各领域的专家需要具有丰富的项目经验，并且善于跨团队沟通协作及就专业问题做出决策。

When（何时）？确认问题需要老虎团队来解决，并且管理层决定组建老虎团队后，就需要开始正式组建老虎团队。

Where（何地）？研发中心或客户现场。

How（怎样）？确认是重要、紧急且复杂的问题；分析问题；挑选相关领域专家组建团队；找到解决方案；执行方案；确认问题解决；经验总结分享；解散团队。

How Much（多少）？团队应少而精，但是覆盖的技术领域要满足问题解决的需要。组织需要提供足够的资源与支持，如各领域专家投入全职工作时间、提供专用的战情室、提供必要的测试及验证资源等。

最后，需要强调的是事后总结与分享。在动用了各种资源解决一个重大问题后，需要将处理过程及经验进行文档化总结及分享，以保证未来可以避免或以低成本的方法处理类似问题。

下面分享一个案例：产品在客户现场发生致命错误并重启。

当你处理的问题足够多，积攒了很多经验后，有时看到一个问题就会产生一种直觉，某个方向可能就是问题的原因所在。那或许是对的，但是难点在于你应该如何证明那就是问题的根本原因。

某款新产品在客户现场大批量部署并运行一段时间后，客户发现少量机器有概率发生自动重启。随着时间推移和产品部署数量增加，这种故障累计数量也增加了。需要尽快找到原因并解决问题，弥补给客户造成的损失，并打消客户对产品质量的质疑。

这个案例以简化的软系统方法论的方式对问题解决过程进行陈述和总结。如果说复杂问题的解决有什么步骤，那就是逐步厘清问题，因为相同故障现象的根因不止一个。就像用手剥洋葱，要一层一层地剥，虽然过程很辛酸，但是最终结果是好的。这样做的另一个好处就是可以将系统方法论应用到问题的解决过程中，好的方法可以提供巨大的帮助。

1）阶段1：表达问题，确定可能原因。了解问题先要厘清问题本身，收集能够得到的任何信息，并且尽量确定问题的可能原因。

（1）组建老虎团队。

（2）进行鱼骨图分析，如图10-7所示。

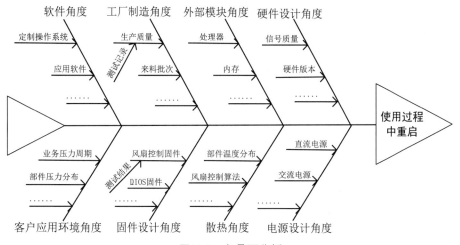

图10-7 鱼骨图分析

（3）根据可能的方向细化各团队的工作内容，包括硬件信号测试及协调获取第三方资源（如芯片供应商）的支持等。

（4）制订行动计划，与合作伙伴共同分析各种可能的原因。

（5）确认需要寻求的各种帮助，向合作伙伴、芯片供应商、内外部其他专家团队等求助。

（6）收集更多日志信息和出现问题的产品，分析不同的问题并归类（见图10-8），归纳总结是否存在一致的条件导致问题产生，但是也可能没有足够的信息。

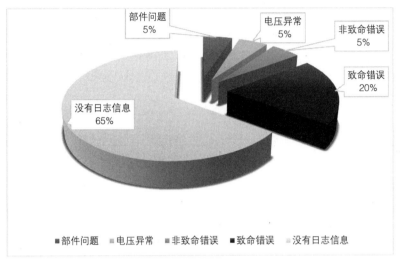

图10-8　故障日志分析饼图

2）阶段2：构造和检验概念模型。设计相应的实验，通过实验结果验证可能的原因。

（1）制订更多测试计划，尝试复现客户发现的各种问题。根据已有的日志，可以尝试设计如下几组相关实验，并观察实验结果。

- 整机运行压力测试、性能测试。
- 运行环境高低温测试。
- 新版本固件测试。
- 交流输入电压拉偏测试。

（2）从现场返回的部件来看，最容易在早期识别出来的问题如下。

- 处理器单体部件早期失效和随机失效问题。
- 其他部件失效而导致的问题，如内存、网卡等。

（3）统计客户现场故障机型、系统配置类型、故障机器数量。

（4）收集客户现场问题机器，做硬件测试。

（5）整个团队从不同专业角度进一步分析关键日志，定位问题来源。

（6）厘清报错日志的所有来源，准备一份文档进行追踪与记录。

（7）与客户确认操作系统及驱动类型，确认客户使用机器的环境。

（8）芯片供应商有已知的问题，需要用最新版本的固件进行实验验证。

（9）在实验室无法复现客户现场发现的问题，但是发现一条与散热设计有关的线索。分析显示，散热设计预留的裕量处于产品规格书要求的边界，但是仍然在芯片规格书的要求范围之内。

（10）追踪生产过程、日志，询问是否在产品生产过程中发现过类似问题。

（11）研发团队安装更多的系统进行各种实验。

（12）调查发现，最新固件在客户现场也出现了类似问题。

（13）通过日志及代码分析，确认部分问题日志报错与固件设计缺陷相关，可以通过更新固件解决。

（14）为客户提供调试状态的进展分析报告。

3）阶段3：概念模型与现实的比较。进一步收集、统计、分析数据，并且从更多角度入手，比较问题机器与内外部其他机器在设计及使用上存在的差异。

（1）内部知识库学习，审查过往项目是否遇到类似问题，探讨之前的解决方案是否可以在本项目中使用。

（2）统计出更详尽的日志分析表格，内容如下。

- 问题机型。
- 问题类型。
- 问题出现时间。
- 问题出现次数。
- 问题机型上架时间。
- 问题机型软硬件版本信息。
- 问题机型出现问题后的日志统计与分析。
- 初步分析结论。

（3）各种版本操作系统和固件设置的测试验证。

（4）软件复现及分析问题。

（5）比对多家客户供应商部署状况及日志反馈，聚焦于散热设计的差异，散热团队做更多的测试来验证比对多家产品。

（6）客户现场复现问题的情况如下。

- 更换主板可以复现问题。
- 捞取芯片层面的日志（芯片供应商、软硬件团队去客户现场），协助定位可能存在的芯片设计或制造层面的问题。
- 发现客户现场的设置与本地实验室的设置不同，获取更多信息。

（7）获取第三方资源的分析与比较信息。

- 问询芯片厂商，请他们针对能复现问题的芯片和配置给出相应建议。
- 基于芯片厂商给出的散热设计建议，根据客户现场的固件配置设置情况，发现产品散热设计的裕量非常小，接近上限。
- 芯片厂商专家到实验室现场指导，发现整机的散热设计裕量偏小。
- 了解到客户现场友商机器的散热设计裕量非常大，并且报错相对较少。

4）阶段4：实施"可行和合乎需要"的变革。给出已经发现的各种问题的解决方案，并且给出实施计划，在未来出货的产品中导入各种解决方案。

（1）散热团队通过改变风扇转速的算法来解决散热裕量过小的问题。评估及测试没有发现其他问题。

（2）更新芯片厂商提供的最新版本固件来解决已知可能导致机器重新启动的问题。

（3）芯片厂商根据已经发现的早期失效或有特定故障的芯片，更新工厂检测方法，以解决已知的测试漏洞问题。

（4）固件开发团队更新固件程序，以解决固件设计缺陷导致错误误报的问题。

（5）导入新的方案后，通过一段时间的观察，发现结果符合预期。

5）经验教训。

（1）芯片厂商自身需要不断提高测试覆盖率，填补测试漏洞，降低不良芯片出货率。半导体测试验证的失效类型（Verified Fail，VF）大致包括如下几种。

- 类型1（已解决）：新测试程序已经覆盖（问题已经被确认并解决）。
- 类型2（已解决）：制程缺陷，测试筛选。
- 类型3：可能是测试漏洞。

- 类型4：部件损坏（开短路等）。
- 类型5：未找出故障（No Fault Found，NFF）。

（2）在产品设计与开发过程中，尽量在一个相对低的温度范围内工作，根据芯片规格书要求的上限设置更大的裕量，从而提升产品长时间工作的可靠度。高温工作设置可能使风扇转速降低，以达到期望的节能目标，但是芯片自身高温漏电的消耗也是不可忽略的一个因素。尽量找到一个最优的平衡点。

（3）在未来的固件设计过程中，要导入这次固件设计过程中发现的问题。

（4）定期为客户更新问题解决的进展，说明问题的原因与解决方案。这是保证客户还有耐心配合解决问题、对方案结果满意及继续合作的关键。

本章小结

1. 测试的最主要目的是找出被测对象与产品需求之间的差异。
2. 产品测试的流程不是唯一的，需要根据具体需求采用不同的方法。
3. 先弄清楚产品可能的问题类型，有助于快速分类问题，迅速找到合适的专家。
4. 不同测试阶段的重点不同，但是每个新阶段的准入前提都是上一个阶段的相关问题都已解决或澄清。
5. 如果能够尽早在客户环境进行产品测试，就有机会加快产品上市后部署的速度。
6. 处理复杂问题需要进行系统思考，它能够帮助开发人员快速解决问题。

第11章
生产交付和运维

对于有硬件实体的产品，工厂生产制造环节是必不可少的。这个环节是实现有形产品价值交付落地的关键，是从需求转换到产品的过程中最核心的环节之一。

制造业至关重要。实际上，一个国家的财富只能通过两种渠道创造：自然资源的开采和利用（石油、天然气、矿产、农业养殖等），以及制造业（通过原材料加工获得附加值）。[29]

产品设计与开发人员并不负责批量产品的具体生产过程，但这并不意味着产品设计与开发人员不需要关注生产制造与交付运维的事情。好的产品是设计出来的，好的产品是易于生产、便于组装运输、维护简单、质量可靠的产品，这就需要设计与开发人员对工厂生产制造环节的关键要素有深刻理解，以使制造成本最低、制造过程能够良好管控等。这就是为什么很多企业都要求新入职的研发人员在生产线上的所有环节都体验一段时间。设计规则不是拍脑袋想出来的，而是通过不断进行生产实践，甚至犯错而总结出来的，不但要知其然，还要知其所以然。

本章从产品设计与开发工程师的角度出发，介绍与产品生产交付和运维相关的内容，以使前端的设计与开发人员能够更好地理解产品的实际生产制造、测试、组装、运输及运维服务等需求，从而设计出整体最优的产品。

11.1 | 工厂生产准备

产品生产过程中的大部分问题，都可以在产品设计与开发阶段通过遵循一定的与工厂生产制造和测试等相关的规则来避免或解决。与之相关的可制造性设计、可装配性设计及可测试性设计等设计理念和方法可以为产品设计与开发工程师提供巨大的帮助，使其在项目早期就制定并执行产品生产制造的相关要求，从而避免直到生产阶段才发现各种与产品生产、装配及测试等相关的产品设计与开发问题，而这些问题本来是可以在设计阶段就避免的。

11.1.1　可制造性设计

1. 可制造性设计的目的和内容

可制造性设计（Design for Manufacturing，DFM）简单来说，就是在进行产品设计与开发时就考虑产品的可制造性，从而达到简化制造步骤、降低制造成本、提高生产效率、保证产品质量等目的。

《可制造性设计》这本书提到，DFM是指主动设计产品以实现以下目标。[45]

- 优化制造功能——制造、装配、测试、采购、运输、服务和修理。
- 确保产品具有合理的成本配置、质量、可靠性、合规性、安全性、上市时间和客户满意度。
- 确保产品功能、新产品导入、产品输送、产品改进方案及产品战略计划不受干扰，从而使产品能够应对客户需求的波动。

早在产品需求评估阶段，甚至更早的阶段就需要考虑DFM。DFM这个概念几乎适用于所有工程学科，但是具体执行细节可能各有不同。下面针对软硬件相结合产品领域做简要介绍。

DFM主要考虑的内容包括产品生产的设备能力、制程能力、工艺设计能力、品质、良率、作业强度等，使潜在的生产制造相关问题在设计阶段就已经被考虑并解决。

图11-1展示了可制造性开发流程。与产品设计与开发流程及方法类似，不存在一个完美的流程或方法能够解决所有问题。每家公司都需要通过不断生产实践并采用正确方法来找到适合自己的流程。因为事物是变化发展的，所以要不断融入新的更有效率的方法或手段，以实现最佳实践。

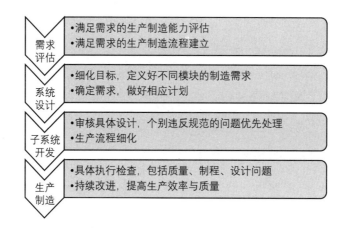

图11-1　可制造性开发流程

　　针对DFM审核过程，在不同开发阶段确定不同审核内容，确保产品需求从顶层框架到具体项目活动都能正确执行和交付。

2. 如何进行可制造性设计

　　在产品概念设计和可行性评估阶段，就要对主体方案中的主要设计部分做生产方面的可行性评估，在可生产实现的框架内进行设计。方法就是从接近设备能力参数极限的设计、生产时需要特别的工艺或步骤等影响生产制造能力、制造效率、生产质量等几个环节的要素着手，尽量在设计早期就识别出与生产制造有关的问题。例如，在DFM过程中，通过减少部件及相关技术手段、降低产品复杂度，以降低产品生产难度，提升产品可靠度。产品构成部件减少，相应价值链上的成本都会降低，所以设计尽可能地简单是节约成本的一大法宝。可见，好的DFM不仅仅影响生产制造本身。

　　在产品设计与开发过程中，需要注意使用基于历史经验的各种DFM检查清单，从而在设计时就能够更好地满足DFM设计规范。

　　DFM要充分考虑设计是否能够满足项目生产的几个核心点，如制造成本、制造时间、制造生产良率等。对于工厂生产制造方面的问题，如果有不清楚、不明白的，设计人员需要与工厂相关专家及时确认，以免出现灰色地带，造成设计错误或遗漏。如果到产品生产上线时才发现，就什么都来不及了。

　　DFM检查主要包括如下内容。

- 元器件。

- 生产流程。
- 各种元器件的装配。
- 布局布线空间和位置是否满足生产要求。
- 板子尺寸、厚度。
- 各种文字及表示等内容。
- 影响组装的方式与方法等。

3. 可制造性设计审核文档的输出

在每个设计阶段，都应该完成相应阶段的DFM审核文档的输出，并且每个检查项都要确认完成，既包括人工完成的部分，也包括自动软件运行后输出结果的确认部分。

DFM检查清单是一个在审核期间使用的工具，输出的结果需要详细备案及记录，并确保得到团队的评审。然后把重点条目挑出来进行优先级排序，再逐一解决。在产品准备生产的不同阶段，DFM审核工作的重点也略有不同。

1）产品工厂试产前。

（1）收集产品资料，包括物料清单、印刷电路板设计文档、原理图、系统组装图、各种烧录的固件、机构设计文档等。

（2）产品资料审核。第一，物料清单检查，包括难备或难买的物料；供应商品质差的物料；交期长的物料；与设计人员确认是否采用现有物料；新物料、新制程、现有制程及设备是否满足。第二，印刷电路板设计文档检查，包括不能生产的；严重影响良率产能的；不方便生产维修作业的；造成生产成本高的；与客户或业界标准相悖的。

2）产品工厂试产时。

（1）在线跟踪产品的实际生产状况，再次确认检查产品资料时标出的问题点。

（2）收集各部门的意见，如生产制造、测试开发、质量部门等。

（3）收集所有信息，更新DFM报告。

3）产品工厂试产后。邀请相关生产部门专家及产品开发人员，召开DFM检讨会议，目的如下。

- 明确责任人。

- 明确DFM目标。
- 提高产品品质。
- 缩短研发周期。
- 降低生产成本及难度。
- 提高首次通过比率。
- 方便生产作业。

4. 与设计相关的生产问题

与设计相关的生产问题也是DFM评审需要重点关注的地方，包括如下内容。

- 质量问题，可能影响产品出货良率。
- 需要人员参与的设计或组装、手动贴装或焊接，以及影响生产效率的人工参与的操作等。
- 影响供应的问题，如新型元器件技术不成熟、独有物料、交付周期长或方式复杂。
- 机构设计的公差、材料类型、造型、加工方法等。

11.1.2　可装配性设计

1. 可装配性设计的目的和内容

可装配性设计（Design for Assembly，DFA）是指产品在生产过程中要易于装配或采用较少的零件设计，这样才能缩短装配时间，降低各种可能产生的人工成本。DFA重点关注简化装配过程，装配过程应该有明确说明，并且易于工厂工作人员操作，尽量设计成"傻瓜式"，增加防错机制，防止错装等情况发生，以达到减少装配步骤、提高装配效率的目的。

DFA也是在产品概念设计阶段就要考虑的内容，尽量减少产品设计与开发所需部件，使设计出来的部件在生产过程中容易抓取、移动、转向或插入等，从而加快产品装配速度，减少耗时，降低制造成本。

DFA还要考虑所有部件的装配顺序，如是否有先后顺序的需求，与系统中的其他部件是否可能存在干涉。如果需要布局线缆，还要考虑如何预留空间，以方便手工或自动化的装配过程等。

如果能用机器实现装配，则尽量不用人工参与。如果需要人工参与，设计时就要符合人的操作特点和操作习惯，以减少人工装配时间。

好的DFA不仅部件少、装配简单、减少人工参与，还间接提升了产品可靠性，提高了产品质量。

2. 产品设计与开发中的防呆设计

防呆法（Fool-proofing）又称防错法，是指任何用来消除人为错误的方法。其主要设计目的是防止人为操作或作业时因不注意而产生错误或疏失。笔者过往的项目经历说明，没有防呆设计的接插口或连接部件总是发生反插、错插等情况。所以，在产品设计与开发过程中，特别是与机构相关的设计过程，要特别注意在生产线组装、产品维护及客户使用过程中加入可能的防呆设计，尽量避免可能产生的错误。

事实上，减少产品构成部件也是一种有效的防呆设计，因为发生错误的概率可能随着部件的减少和装配复杂度的降低而下降。

11.1.3 可测试性设计

1. 可测试性设计的目的和内容

可测试性设计（Design for Testing，DFT）的目的是通过设计，使产品在开发阶段和大批量生产阶段获得足够的测试覆盖率，实现快速进行生产测试的目标，为产品开发阶段的调试和客户现场的复杂诊断提供良好的接口。好的DFT可以大大降低整个产品生命周期的成本，包括设计、开发、制造、部署及后期维护成本。相反，坏的DFT使产品在整个生命周期内无法进行测试，导致良率降低、产品质量下降、生产和后期维护成本大大增加。

在软硬件相结合产品中，DFT开发环节包括在印刷电路板上增加足够数量的测试点、设计额外的接口线路等，以便在产品开发阶段和大批量生产阶段实现产品测试的覆盖。如果有可编程逻辑器件或芯片相关的设计，就按照相应的设计规范进行相关设计，从而使产品达到批量生产条件下测试覆盖率的目标。

在软硬件相结合产品中可能采用的测试点、测试接口及测试目的如下。

- 在线测试仪（In-circuit Tester，ICT）测试点。实现在工厂生产过程中进行ICT测试。

- 信号完整性测试点。主要为了在产品开发阶段进行信号完整性方面的测试。
- 调试电路接口。主要是产品在开发过程中各种外接的调试接口，以及客户现场复杂故障诊断时的调试接口。
- 电源及其他信号接口。主要是为满足单元模块阶段的测试而预留的临时对外调试接口等。
- 电路或芯片内部通过程序实现的自诊断功能设计。

印刷电路板测试点开发目的是保证所设计的产品不仅能测试，还能获得更高的测试覆盖率。好的设计中，测试覆盖率可以达到95%甚至更高。

2. 生产测试项目的内容

1）自动光学检测（Automated Optical Inspection，AOI）。主要原理是通过摄像头采集被测产品图像，然后与数据库中的合格图像进行比对等处理，并将异常或缺陷通过显示器标识出来，供下一步处理。

2）自动X光射线检测（Automated X-ray Inspection，AXI）。主要原理是，由于PCBA焊点富含铅、锡等物质，可以大量吸收X射线，而X射线比较容易穿过其他物质，从而在探测器端呈现出不同的黑白成像，帮助检测与分析PCBA的焊点处是否存在焊接缺陷等问题。

3）飞针测试（Flying Probe，FP）。主要原理是利用几枚可以自由移动的导电探针，通过接触印刷电路板上的测试焊盘或过孔的方式，进行开短路等测试。

4）在线测试仪。主要原理是通过使用专门的探针床与已焊接好的线路板上的元器件接触，从而测量分离的单个元器件及各电路网络的开短路情况，具有操作简单、快捷、故障定位准确等特点。

5）板级功能测试验证（Function Test，FT）。主要对产品的各项功能进行基本测试与验证。

6）环境应力筛选测试（Environment Stress Screening，ESS）。主要原理是通过温度循环、振动等方式筛选出那些常规测试方法无法检测到的早期失效产品。

7）高压绝缘测试（High Potential Test，Hipot）。这是一种确定电子绝缘材料足以抵抗瞬间高电压的无破坏性的测试，主要原理是比较被测产品在高压输出测试机输出的试验高电压下产生的漏电流与标准电流，并将比较结果作为通过的判断标准。

8）其他测试项目。

图11-2展示了一种电路板组装生产检测流程，说明了各测试项目之间可能的执行顺序。

图11-2　一种电路板组装生产检测流程

3. 可测试性设计在产品设计与开发阶段需要采取的方法

1）为DFT在产品开发阶段建立设计指导。

2）为产品设计与开发工程师及布局布线工程师提供DFT设计指导，从而增加产品的测试覆盖率。

3）为ICT测试覆盖率设定目标。ICT测试覆盖的内容包括如下几个方面。

- 开短路测试。
- JTAG边界扫描测试。
- 数字、模拟器件测试。
- 晶振的频率测量。
- 发光二极管的测试。

DFT应能够在工厂生产过程中进行快速、有效的测试，尽量在投入产出平衡的前提下提高产品测试覆盖率。

DFT测试过程中，要最大限度地减少产品生产过程中的测试，因为测试本身并不是增值的行为，所以要在满足质量目标的前提下，尽可能用最少的步骤实现测试覆盖的目标。

工厂生产测试开发部门在设计过程中的可测试性、测试覆盖率、可测试性设计验证、测试点添加规范中起主导作用，并在后续的DFT设计与执行中起关键作用。

实战分享

软硬件相结合产品除了硬件故障，还可能出现软件故障，可以采用以下两种设计策略。

（1）冗余技术。采用冗余设计，在故障发生时设法避开发生故障的模块，屏蔽它的影响。

（2）故障测试。在故障发生时及时发现、定位并协助解决问题，从而使产品可靠地工作。故障测试分两种。如果只要求确定产品是否存在故障，称为故障检测。如果不仅要求检测产品是否存在故障，而且要求确定故障发生的具体位置及类型，称为故障诊断。实现的方法有开机自检、周期性自检、键控自检及连续监控。

11.1.4 测试程序开发

测试程序开发的好坏直接关系到产品的品质。应从产品的功能列表、应用场景、测试环境入手，制订一份合理的测试计划，再根据不同的测试环境进行测试开发。另外，产品生产的测试程序开发也与产品本身的特性相关，所以需要研发工程师与负责生产制造测试的工程师紧密配合，以避免对产品特性的了解不够深刻、某些功能的验证被遗漏或不充分，从而影响产品生产测试覆盖率，导致产品出厂时出现品质问题。

软硬件相结合产品的测试程序开发主要包括如下几个方面。

1）生产环节中主要测试设备执行程序的开发与调试，包括AOI、AXI、FB及ICT等。

2）产品单元模块功能测试验证程序开发，如针对单个模块进行的测试开发。

3）产品软件压力测试程序开发。

4）产品环境应力筛选测试程序开发。

5）产品系统测试诊断程序开发。

测试程序开发需要在进入小批量生产前初步完成，并且在大批量生产前逐步完善，在进入大批量生产阶段时，就要全部完成，并且在这个阶段解决各种程序设计上的问题。

生产测试开发过程不仅包括测试程序开发，还包括相应测试治具的开发。测试治具的开发需要在产品开发完成印刷电路板及机构模具开发定版后就开始执行，因为相关硬件设计的变更会导致治具也随之变更。在产品正式试产前，测试治具会与测试程序联合调试。

11.2 | 小批量试产

产品图纸设计完成后就进入产品的样品生产阶段，也称小批量试产阶段。这个阶段的目的是，一方面验证产品生产的可行性，另一方面通过验证早期样品，找出可能存在的各种设计问题。

软硬件相结合产品的小批量试产阶段的主要参与者是与硬件实物相关的部分开发人员。在这个过程中，前端研发设计人员要与后端工厂生产制造专家紧密配合，共同解决可能出现的各种产品设计与生产相关问题。对于产品开发团队，在小批量试产阶段要进一步澄清DFM、DFA及DFT等几个环节的相关工作，所以项目负责人要协调好前后端的技术文档与相应生产技术的交接。

对于依据现有生产设备开发的新产品，其基本的产品生产制造能力仍然在设备生产制造能力范围之内，如贴片生产能力等。在有工艺或步骤变更时，则需要验证当前设计是否能够通过已有设备实现。

这个环节可能出现的主要问题包括开发阶段早期的固件问题、系统装配问题、测试程序问题，同时包括诸如元器件封装设计问题等在项目早期评估阶段并没有被及时发现的问题。

11.2.1 功能模块试产

如果产品开发与设计使用的是全新技术或全新生产方法，在没有一定成熟度的前提下，会先设计出一个早期功能模块的原型，以判断工程生产制造的可行性、功能实现的可能性，并评估产品制造过程中的可测试性。

基于以上目的，产品设计与开发过程中可以通过更早期功能模块的试产环节来获取早期的技术评估、工艺验证及性能指标的参考数据，为后面进一步的设计提供可信参考。

因所设计的产品不同，有些类型的产品在这个阶段可能不会生产整个系统，而仅仅针对个别技术领域进行前期评估验证。

在产品第一次上线生产时，针对复杂的产品设计与组装过程，需要相应的设计工程师跟线处理，也就是工程师现场跟踪每个产品组装制造环节，及时与现场的制造专家沟通解决发现的问题，在产品完成首件生产后，尽量在现场实现开机，这样做的好处是能够通过开机过程及时发现一些早期设计、配置、元器件参数选型等因素造成的开机问题，并及时解决。如果仅仅对电容或电阻等元器件的参数进行相应的修改，或者存在一些跳线等可以手动解决的问题，可以请生产人员进行一些手动操作直接在线换料，以便在后续生产中直接在工厂高效完成相应的元器件变更或手工跳线等任务。

在第一次生产制造过程中，还要观察现有的设计在生产过程中的哪个环节效率最低，或者存在意想不到的问题，以便随后修正。

图11-3展示了简单的双面印刷电路板装配流程，包括表面组装技术（Surface Mounted Technology，SMT）等。从图中可以看到，在设计过程中应尽量减少背面放置元器件或手动接插件的数量，降低装配复杂度，以有效提升产品的生产效率。

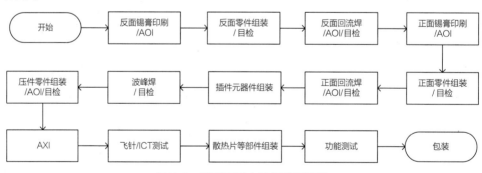

图11-3　双面印刷电路板装配流程

图11-4展示了一般产品外壳机构部件生产流程，包括产品原型机早期的非模具加工及量产阶段的模具加工过程。

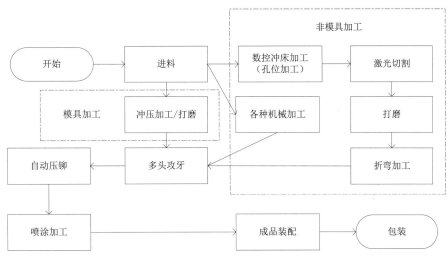

图11-4 一般产品外壳机构部件生产流程

11.2.2 整机组装试产

功能模块试产阶段后是整机组装试产阶段，这个阶段一方面可以评估产品设计与开发过程中对组装是否有特别的要求，另一方面也能发现图纸或仿真模型预见不到的设计或组装问题。

工厂在组装生产过程中可能需要使用特定的治具，目的如下。

1）提高生产率，使生产过程更加方便、高效。

2）使生产过程保持一致，从而保证产品品质。

整机组装试产的前提是，前端工程师根据早期原型机设计做好了相应的装配指导说明，并且通过了工厂生产制造专家的评估整合。这样，大量早期问题可以在实验室通过整个团队的DFM及DFA审核发现，并且在后续设计过程中解决。但是这并不意味着这项工作就完成了，还需要拿到真正的生产线上按照设计的组装生产流程进行实际评估。

研发团队需要与工厂新产品导入团队的专家紧密合作，共同实现满足产品需求前提下的优化组装升级，使组装制造的成本尽量降低，并且生产效率更高。

图11-5是典型的计算机组装测试过程，从中可以看到不同层次的系统组装过程。

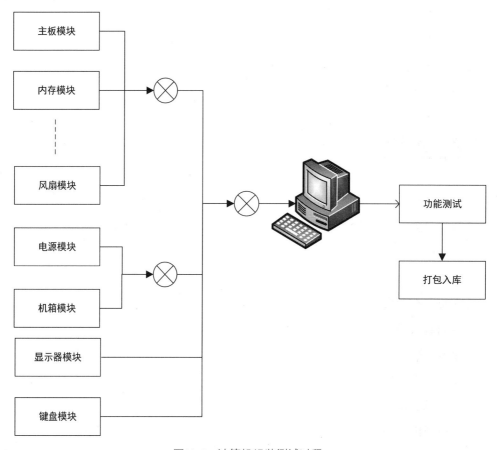

图11-5　计算机组装测试过程

11.3 | 大批量生产

经过了完整的设计验证阶段的测试，接下来就要验证产品在工厂进行大批量生产的条件是否满足。在这个阶段，研发团队主要保证所有需要给工厂的生产指导书都能够如期完成，在进入大批量生产之前，所有测试相关的技术问题都已经解决。在这个阶段，主要工作是由工厂生产制造方面的专家完成的。但是在这个阶段也有可能发现在小批量试产阶段不容易发现的软硬件设计问题，需要及时处理。

11.3.1　大批量生产的准备

大批量生产阶段的主要任务是验证工厂是否具有产品大批量生产制造能力；

检验从进货到生产及运输等各环节；通过一定数量的产品生产发现可能存在的各种与工厂相关的问题，或者设计及装配效率上的问题。

在进行大批量生产前，产品研发团队需要确认如下几个问题。

1）所有与设计相关的问题都已经解决。

（1）进入大批量生产意味着开发阶段的工作都已经完成，并且没有影响产品大批量生产的设计相关问题。

（2）之前发现的与工厂相关的问题都已经确认得到解决，并且不影响产品的大批量生产。

2）所有与生产相关的指导文件都已经按照要求交付给工厂。

（1）各种生产指导文件都已经保质保量地交付给工厂，并且确认没有问题。

（2）满足大批量生产的各种固件版本是最新版本，并且已经发布给工厂。

3）产品的相关安全合规认证等是否满足产品生产交付的要求（原因在于，部分产品可能出售给早期测试的客户，或者提供样品进行试用，若涉及国际客户，还可能有海关对产品安全合规等的要求，有些地区没有经过安全合规认证的产品是不允许过海关的）。

4）大批量生产所需的物料供应正常且交货周期满足生产计划的需要。研发没有物料变更需求。

11.3.2 大批量生产的活动

大批量生产阶段既要评估工厂批量生产及产能提升的准备情况是否能够满足大批量生产的需要；又要持续优化生产流程，从而更好地降低生产成本，提高生产良率。在这个过程中，主要问题解决人员就是工厂生产制造专家。但是不能排除在这个阶段发现一些潜在的配置兼容性问题，或者在批量生产测试过程中发现潜在的各种软硬件问题。这些开发相关问题需要前端的研发团队及时给出解决方案。大批量生产阶段也可能出现生产流程上的各种问题，需要研发人员参与和解决。

一般来说，在这个阶段发现的问题更加复杂与紧急，因为这已经是产品开发的后期阶段，产品变更的代价及交付进度的压力也会更大。这就要求产品研发人员及工厂生产制造专家发现任何问题都要尽快行动起来，确认问题的源头是产品设计与开发环节，还是生产制造环节，从而快速定位大方向，尽快组织相关专家解决问题。

实战分享

产品生产完成后，非工作条件下高温高湿存储测试开机失败，现象为短路或部件上电后损坏。

初期怀疑测试系统因采用第二货源等物料而发生质量问题，所以测试失败。接着通过测试发现主货源的机器也测试失败。分析失效部件，发现失效是电过应力原因导致的。设计自查，没有找到可能导致这项测试失效的原因，而且产品在小批量试产阶段已经验证并通过了这项测试，于是分析方向转为工厂生产流程。对印刷电路板进行离子残留及切片后化学分析，发现非波峰焊面有离子残留，故障部件周围有"锡须"产生。工厂从生产流程角度进行分析后，认为这批次印刷电路板经过波峰焊工站后，操作员误用酒精代替清洗剂清洗印刷电路板，且未使用防尘布，从而酒精溶解助焊剂等残留杂质后通过印刷电路板的过孔流入芯片周围，酒精挥发后产生高浓度杂质残留，导致在高温高湿的条件下生成"锡须"，开机通电后造成短路或部件损坏。

由此可见，新产品在工厂导入的过程也是新的生产流程建设的工程，工厂生产中任何一个环节管控的疏忽，都有可能导致各种产品问题发生。同时，在新产品开发阶段，很多问题无法简单分辨是设计还是生产环节造成的，所以大家要通力合作，才能高效解决问题。

在这个阶段，工厂也在不断优化生产步骤，达到以更高的效率、更低的生产成本进行生产的目的。出于工程优化生产的需要，工厂生产制造专家与研发团队成员可能共同探讨生产效率提升的策略。例如，为了方便工厂生产过程中对部件条码的扫描，会根据实际操作结果变更部件上条码位置的要求。

综上所述，尽量增加生产中的增值工作，而减少生产过程中的各种浪费。图11-6比较了木材加工生产商的增值和非增值活动。[46]这个案例展示了一个可应用于任何操作活动分析的典型状况。通常一边有少数增值活动，而另一边有大量非增值活动。这给非增值活动时间转换成增值活动时间提供了改进机会。

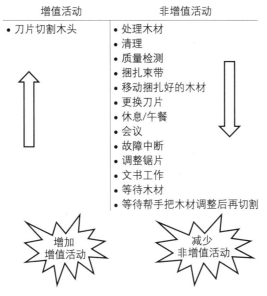

增值活动	非增值活动
• 刀片切割木头	• 处理木材
	• 清理
	• 质量检测
	• 捆扎束带
	• 移动捆扎好的木材
	• 更换刀片
	• 休息/午餐
	• 会议
	• 故障中断
	• 调整锯片
	• 文书工作
	• 等待木材
	• 等待帮手把木材调整后再切割

增加增值活动　　减少非增值活动

图11-6　增值和非增值活动比较

大批量生产阶段的目标同样是尽可能识别出增值和非增值活动，并且持续改进，增加更多增值活动。

11.4 | 交付和运维

11.4.1　交付前的准备

产品不是生产出来就完事了，还要交付到客户手中，部署在客户现场，出现各种问题还要进行相应升级与维护。

不同类型产品交付与运维的方式是不同的。例如，对消费者来说，只要在网上下单购买手机，隔天货物可能就会送到手中正式使用了，如果出现了什么问题，也可以通过连接网络进行相应升级来解决。但是更复杂的产品可能涉及特别运输要求，现场需要专人组装和调试，在产品的运行周期内可能还需要相关人员定期服务或更换与升级部件。针对这类产品，在产品开发的过程中就要计划到、考虑这些可能的场景，并对其进行评估，在设计中尽量满足。

产品交付前，研发团队需要完成的工作如下。

1）不存在任何影响产品出货的设计或生产问题。

（1）产品出货之前发现的所有影响出货的设计或生产制造问题都已经解决。

（2）针对可能存在的不影响出货的相关问题，已有解决方案及关闭的时间计划。

2）所有与产品认证相关的工作都已经完成。

（1）所有与环境相关的认证工作都已经在量产版本的机器上测试通过。

（2）在产品正式交付之前，所有环境、安全规范、电磁兼容、电源等认证证书都已经拿到。

3）与产品相关的所有使用说明书都已经定版，并且在官方网站可查询或下载。

4）产品安装指导已经定版，并且正式发布。

5）经确认的保修说明已经定版，并且可以与产品共同发布。

6）产品使用培训。

（1）产品发售之前的售前技术培训已经完成。

（2）产品发售之前的售后技术培训已经完成。

7）产品软件驱动、软件工具、更新升级说明等。

（1）所有与产品相关的驱动、软件工具、固件升级工具等都已经验证完成，并且上传到官方网站，可供客户下载。

（2）产品附带的软件使用和更新升级说明等文件也已经通过审核，并上传到官方网站。

11.4.2　交付后的跟踪

产品上市后，特别是刚开始大批量上市这段时间，如果条件允许，可以进行产品的部署跟踪和确认，以得到一些有价值的早期反馈，从而在后面大批量生产产品之前及时修正。

无论设计与开发阶段考虑得多么周全，也总会遇到知识的盲点或应用的盲点，你不清楚你定义的产品或客户提出需求的产品在实际应用场景中是什么样的状态，所以如果条件允许，可以在产品上市早期对产品的应用和客户使用体验等做一些跟踪与调查，从而尽早收集到一些之前没有关注的影响权重比较大的潜在问题，并尽快解决，这样才能尽量扩大产品市场，突破产品设计局限。

交付后的跟踪，既可以由质量团队牵头，跟踪首批订单客户的部署与反馈，也可以通过售后的反馈渠道了解客户的反馈等。

11.4.3　运维阶段的工作

1. 运维升级的好处

复杂软硬件相结合产品在使用过程中必然有固件升级、软件升级、硬件模块升级等需求（见图11-7），这些需求在确认产品需求的过程中就会定义。一般来说，产品运维升级可能带来的好处如下。

1）通过升级解决已知的各种软硬件问题。

2）通过升级提升产品性能或客户使用体验。

3）通过升级延长产品使用寿命，最大化地发挥产品剩余价值。

4）通过升级扩展产品功能，扩大产品应用的范围或领域等。

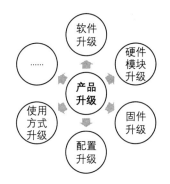

图11-7　产品上市后的升级需求

《软性制造》这本书提到，售后服务是价值的源泉。[47] 如何在成功销售产品而获得一次价值收益后，再通过销售有价值的各种售后服务来获得新的价值收益是一个非常值得思考的问题。为实现这个目标，产品开发团队要在需求评估阶段考虑产品的可维护性设计，并且在产品上市之前完成相关功能的开发与验证工作，在产品交付给客户后就能够在需要的时候发挥作用。如果产品的维护性设计比较好，也会极大降低售后等成本。好的维护性设计举例如下。

- 降低产品的维护程度。通过类似于降额设计的方式让产品使用寿命更长。
- 有自我纠错能力。如前面提到的RAS设计理念，提高产品可靠性。
- 有测试端口。方便现场故障诊断。
- 有提示功能。如设备上的红色故障指示灯或计算机主板上的蜂鸣器报警，可以加快问题处理速度。

2. 产品后期维护的类型

产品后期维护由于产品需求及产品的构成形式不同而各有差异，大致分为如下几点。

1）对于不是特别复杂的简单产品，可能的维护就是故障后直接更换，因为这是从价值链的角度来看最经济的方式。

2）如果是软件类产品，那么最有效的方式就是请客户升级软件。

3）如果产品后期存在固件设计方面的问题，或者需要通过固件的方式进行优化，就需要考虑是否可以采用远程方式升级产品固件。

4）如果是结构复杂的模块化产品，在故障诊断明确的条件下，可以考虑更换相应的故障模块，保证客户现场设备有序运行。

5）如果是一体化的复杂设计产品，如平板电脑，既不能拆解，也不能通过软件升级解决，就只能更换或返厂维修。

6）如果是需要定期校验的仪器设备，则需要由第三方或指定的运营商定期维护。

需要在产品规划与设计阶段就充分考虑哪种后期维护类型的投入产出比是最高的，并且针对所选类型进行可维护设计。

3. 产品大批量生产后问题追溯及处理原则

如果产品在大批量生产后发现了问题，那么首先明确问题的性质。

1）单体问题或批次性问题。

2）设计缺陷导致的特定场景下的问题。

3）来料批次质量不好导致的产品质量问题。

4）生产环节工艺不稳定导致的产品质量问题。

5）检测环节出现漏洞导致的产品质量问题。

6）运输和部署过程出现漏洞导致的产品质量问题。

7）客户使用方式不合理导致的问题。

识别清楚问题后，就可以针对具体的问题有针对性地解决。生产问题由质量和生产等方面的专家解决，技术问题由相应的技术人员解决。

原则上，问题的重要、紧急程度需要根据收集的相关信息尽快确定。以下是一些参考。

- 对客户实际使用是否有很大影响？危害是什么？临时处理方案是什么？
- 对工厂生产及售后运维是否有影响？如果有，如何解决？今后如何避免？
- 对现有产品的销售是否有影响？风险评估的结果是什么？
- 已经生产出来的产品是否对未来客户有影响？解决方案是什么？
- 如何在今后的产品中改进缺陷，或者检查出各类已知问题？

这些暴露出来的问题是需要着重思考的地方。

一般来说，产品上市一定时间后，会由产品运维团队负责产品后期的相关技术问题，如产品物料的变更、产品设计与开发问题的处理、产品技术问题的解决等，但是与设计相关的问题将在问题解决或提供解决方案后，作为未来产品设计与开发过程的参考资料，以防止设计问题在未来的产品中再次出现。

本章小结

1. 产品生产准备工作从项目立项阶段就开始进行，并且贯穿项目始终。
2. 批量化生产的目的是实现产品生产、制造、组装、测试等全部环节的成本最低。
3. 小批量试产阶段，研发人员要参与到生产过程中，了解产品设计与开发可能带来的生产方面的影响，使各种问题在早期得到解决。
4. 研发人员需要把所有必要文档设计完成并及时交付，以保证生产环节不受影响。
5. 产品生产交付和运维阶段是产品正式上市的关键阶段，要特别重视早期问题的发现与及时解决，为后期大批量生产做好准备。

参考文献

[1] Project Management Institute. 项目管理知识体系（PMBOK®）指南（第6版）[M]. 北京：电子工业出版社，2018.

[2] 汪应洛. 系统工程（第5版）[M]. 北京：机械工业出版社，2015.

[3] Mo Jamshidi，等. 系统工程原理和应用[M]. 曾繁雄，洪益群，等，译. 北京：机械工业出版社，2012.

[4] Arthur D. Hall. Three-Dimensional Morphology of Systems Engineering[J]. IEEE Transactions on systems science and cybernetics，5(1)：156-160.

[5] 彼得·切克兰德. 系统思想，系统实践（含30年回顾）[M]. 闫旭晖，译. 北京：人民出版社，2018.

[6] 巴巴拉·明托. 金字塔原理（第2版）[M]. 汪洱，高愉，译. 海口：南海出版公司，2013.

[7] 陶佳渠. 系统工程原理与实践[M]. 北京：中国宇航出版社，2013.

[8] INCOSE. Systems engineering definition[EB/OL]. [2022-08-18]. https：//www. incose. org/about-systems-engineering/system-and-se-definition/systems-engineering-definition.

[9] 白思俊，等. 系统工程（第3版）[M]. 北京：电子工业出版社，2013.

[10] 罗伯特·G. 库珀. 新产品开发流程管理[M]. 青铜器软件公司，译. 北京：电子工业出版社，2013.

[11] System and Software Engineering -System Life Cycle Processes： ISO/IEC/IEEE 15288：2015. [S/OL]. [2022-08-18]. https：//www. iso. org/standard/63711. html.

[12] System and Software Engineering - Life Cycle Management-Specification for process description： ISO/IEC/IEEE 24774：2021. [S/OL]. [2022-08-18]. https：//www. iso. org/standard/78981. html.

[13] 张发，于振华. 大规模复杂系统认知分析与构建[M]. 北京：国防工业出版社，2018.

[14] Scott W. Ambler， Mark Lines. Disciplined Agile Delivery[M]. New York IBM Press， 2012.

[15] INCOSE. Systems Engineering Vision 2035[EB/OL]. [2022-08-18]. https：// www. incose. org/about-systems-engineering/se-vision-2035.

[16] NASA. NASA Systems Engineering Handbook：Rev2[EB/OL]. (2020-01-28) [2022-08-18]. https：//www. nasa. gov/connect/ebooks/nasa-systems-engineering-handbook.

[17] 丛卫东. 产品化项目管理之路[M]. 北京：电子工业出版社，2022.

[18] Project Management Institute. 敏捷实践指南[M]. 北京：电子工业出版社，2018.

[19] Harvard Business Review. Managing in an Age of Modularity[EB/OL]. [2022-08-18]. https：//hbr. org/1997/09/managing-in-an-age-of-modularity.

[20] 周海蓉. 模块化生产与产业升级[M]. 上海：上海财经大学出版社，2017.

[21] 陈进. 复杂产品系统创新管理[M]. 北京：科学出版社，2008.

[22] 明新国，孔凡斌，何丽娜. 面向客户选项的模块化产品开发[M]. 北京：机械工业出版社，2017.

[23] Evelyn Stiller， Cathie LeBlanc. 基于项目的软件工程——面向对象研究方法[M]. 贲可荣，张秀山，等，译. 北京：机械工业出版社，2002.

[24] 王瑜. 产业价值链下模块化组织价值创新[M]. 上海：同济大学出版社，2017.

[25] 卡尔·T. 乌利齐，史蒂文·D. 埃平格. 产品设计与开发（第6版）[M]. 杨青，杨娜，等，译. 北京：机械工业出版社，2014.

[26] Frederick P. Brooks. The Design of Design：Essays from a Computer Scientist[M]. New York：Pearson Education， 2010.

[27] M. Morris Mano. Computer System Architecture（3rd ed）. [M]. Prentice-Hall，1993.

[28] 赵雪岩，李卫华，孙鹏，等. 系统建模与仿真[M]. 北京：国防工业出版社，2015.

[29] 李京山， 谢米杨·密尔科夫. 生产系统工程[M]. 张亮，译. 北京：北京理工大学出版社，2012.

[30] 齐欢，王小平. 系统建模与仿真（第2版）[M]. 北京：清华大学出版社，2013.

[31] 彼得·威尔逊，H. 艾伦·曼图斯. 复杂电子系统建模与设计[M]. 黎飞，王志

功，译. 北京：机械工业出版社，2017.

[32] Dale F. Cooper，Stephen Grey，Geoffrey Raymond，Phil Walker. Project risk management guidelines：Managing Risk in Large Projects and Complex Procurements[M]. New York：John Wiley & Sons，2004.

[33] 中国社会科学院语言研究所词典编辑室编. 现代汉语词典（第7版）[M]. 北京：商务印书馆，2018.

[34] 张海藩，牟永敏. 软件工程导论（第6版）[M]. 北京：清华大学出版社，2013.

[35] Daniel P. Siewiorek，Robert S. Swarz. Reliable computer systems：design and evaluation（3rd edition.）[M]. Florida：A K Peters/CRc Press，1998.

[36] Agile Manifesto Authors. The Agile Manifesto[EB/OL]. [2022-08-18]. https：// www. agilealliance. org/agile101/the-agile-manifesto/.

[37] 列夫·维瑞恩，迈克尔·特兰佩. 项目决策：决策的艺术与科学（第2版）[M]. 楼政，译. 北京：电子工业出版社，2021.

[38] 马文·劳沙德. 系统可靠性理论：模型、统计方法及应用（第2版）[M]. 郭强，王秋芳，刘树林，译. 北京：国防工业出版社，2011.

[39] 小约瑟夫·巴达拉克. 灰度决策：如何处理复杂、棘手、高风险的难题[M]. 唐伟，张鑫，译. 北京：机械工业出版社，2018.

[40] 布莱恩·K. 缪尔黑德，威廉·L. 西蒙. 高速度领导：火星探路者号实现更快、更好、更省的方法[M]. 毛伟敏，等，译. 上海：上海译文出版社，2002.

[41] 邱成悌，赵惇殳，蒋全兴. 电子设备结构设计原理[M]. 南京：东南大学出版社，2005.

[42] 王永康. ANSYS Icepak电子散热基础教程[M]. 北京：国防工业出版社，2015.

[43] System and Software Engineering -Vocabulary：ISO/IEC/IEEE 24765：2017. [S/OL]. [2022-08-18]. https：//www. iso. org/standard/71952. html.

[44] 杜书伍. 将才[M]. 太原：山西教育出版社，2010.

[45] 大卫·M. 安德森. 可制造性设计：为精益生产、按单生产和大规格定制设计产品[M]. 郭慧泉，译. 北京：人民邮电出版社，2018.

[46] Jeffrey K. Liker，David Meier. The Toyota Way Fieldbook：A Practical Guide for Implementing Toyota's 4Ps[M]. New York McGraw-Hill，2006.

[47] IBM全球企业咨询服务部. 软性制造：中国制造业浴火重生之道[M]. 北京：东方出版社，2008.

附录A 缩略词

缩写	英文全称	中文全称
AOI	Automated Optical Inspection	自动光学检测
ARM	Advanced RISC Machine	高级精简指令集机器
AXI	Automated X-ray Inspection	自动 X 光射线检测
BIOS	Basic Input Output System	基本输入输出系统
BMC	Baseboard Management Controller	基板管理控制器
CAD	Computer Aided Design	计算机辅助设计
CAE	Computer Aided Engineering	计算机辅助工程
CCC	China Compulsory Certification	中国强制认证
CFD	Computational Fluid Dynamics	计算流体动力学
CPLD	Complex Programmable Logic Device	复杂可编程逻辑器件
CTO	Config to Order	可配置出货
DFA	Design for Assembly	可装配性设计
DFE	Design for Environment	面向环境的设计
DFM	Design for Manufacturing	可制造性设计
DFT	Design for Testing	可测试性设计
DSDM	Dynamic Systems Development Method	动态系统开发方法
DSP	Digital Signal Processing	数字信号处理
DXF	Drawing Exchange Format	绘图交换文件
EDA	Electronic Design Automation	电子设计自动化
EMC	Electromagnetic Compatibility	电磁兼容
EMI	Electromagnetic Interference	电磁干扰
EMS	Electromagnetic Susceptibility	电磁耐受性
EOS	Electronic Over Stress	电过应力

缩写	英文全称	中文全称
FB	Flying Probe	飞针测试
FPGA	Field Programmable Gate Array	现场可编程门阵列
JTAG	Joint Test Action Group	联合测试工作组
HALT	Highly Accelerated Life Testing	高加速寿命测试
HiPot	High Potential test	高压绝缘测试
ICT	In-circuit Tester	在线测试仪
ID	Industry Design	工业设计
IEC	International Electrotechnical Commission	国际电工委员会
IEEE	Institute of Electrical and Electronics Engineers	电子与电气工程师协会
INCOSE	International Council on Systems Engineering	国际系统工程协会
IP	Intellectual Property	知识产权
ISO	International Organization for Standardization	国际标准化组织
I2C	Inter-Integrated Circuit	一种同步串行总线
MBSE	Model Based Systems Engineering	基于模型的系统工程
MCU	Microcontroller Unit	微控制单元
MECE	Mutually Exclusive, Collectively Exhaustive	相互独立，完全穷尽
MTBF	Mean Time Between Failure	平均无故障时间
NFF	No Fault Found	未找出故障
PCB	Printed Circuit Board	印刷电路板
PCBA	Printed Circuit Board Assembly	装配印刷电路板
PI	Power Integrity	电源完整性
POST	Power on Self-test	上电自检
QOS	Quality of Service	服务质量
RAS	Reliability, Availability and Serviceability	可靠性，可用性，可服务性
ROHS	Restriction of Hazardous Substances	有害物质限制
SI	Signal Integrity	信号完整性
SMT	Surface Mounted Technology	表面组装技术
SOC	System on Chip	片上系统
TCO	Total Cost of Ownership	总拥有成本
WBS	Work Breakdown Structure	工作分解结构
XP	Extreme Programming	极限编程

附录B　致谢

　　本书的写作离不开笔者家人的鼓励与支持，离不开过往产品设计与开发过程中与笔者合作过的各位专家与领导的言传身教，更离不开无数产品设计与开发者宝贵经验和知识的分享。

　　感谢以下朋友在本书写作过程中给予的指导和帮助，包括对话、访谈及审稿等方面。排名不分先后：曹朝杰、陈永胜、迟继强、黄光海、黎洁、李明、卢小雷、马振兴、马金汝、马驰洲、梅波、王昱、卫明、张连祥、朱鸿儒等。

　　特别感谢电子工业出版社的编辑和相关人员，他们在本书的选题申报、写作、审校、出版等过程中给予了宝贵建议、专业指导及巨大帮助，使本书得以与读者见面。

　　感谢你们！

反侵权盗版声明

　　电子工业出版社依法对本作品享有专有出版权。任何未经权利人书面许可，复制、销售或通过信息网络传播本作品的行为；歪曲、篡改、剽窃本作品的行为，均违反《中华人民共和国著作权法》，其行为人应承担相应的民事责任和行政责任，构成犯罪的，将被依法追究刑事责任。

　　为了维护市场秩序，保护权利人的合法权益，我社将依法查处和打击侵权盗版的单位和个人。欢迎社会各界人士积极举报侵权盗版行为，本社将奖励举报有功人员，并保证举报人的信息不被泄露。

举报电话：（010）88254396；（010）88258888

传　　真：（010）88254397

E-mail：　dbqq@phei.com.cn

通信地址：北京市万寿路 173 信箱
　　　　　电子工业出版社总编办公室

邮　　编：100036